사진 & 일러스트로 보는 꿈의 자동차 기술 Motor Fan illustrated

Motor Fan
illustrated Vol. **39**

자율주행기술의 진화論
충돌 예방 안전기술/ADAS/차세대 기술의 닛산

004 도해특집 충돌예방안전기술
Pre-Crash Safety Technology

CONTENTS

충돌예방

Pre-Crash Safety Technology

자율주행이나 ADAS에 필수적인 「인지」, 「판단」, 「조작」 3요소와 그 주변 서비스의 기술은 끊임없이 진화 중이다.

"조만간 자율주행 시대가 다가올 것"이라고는 하지만, 아직도 운전자와 비슷한 수준 이상의 성능과 안전성을 확보하기 위해서는 넘어야 할 장벽이 높은 것 같다.

그런데 자율주행 자동차보다 운전자 입장에서는 "부딪치지 않는 자동차"를 더 환영하고 싶지 않을까?

극단적일지도 모르겠지만 MFi에서는 그렇게 생각한다.

「인지」, 「판단」을 담당하는 센서와 제어를 중심으로, 그 건너에 있는 자율주행 기술이 어디까지 진행되었는지 추적해 보겠다.

사진 : 다임러

안전기술

Part 1

ADAS 최신기술

센서기술과 연산속도의 발전이 ADAS=선진운전지원 시스템의 혁신을 뒷받침하고 있다.
그 모습은 금세기 초에 그려진 미래도를 능가하는 수준에 이르렀다.

PRE-CRASH SAFETY TECHNOLOGY

ADAS

CASE STUDY **1**

스바루 아이사이트 X(4th Generation)

「X」까지의 오랜 여정

휴먼 에러 제로에 도전하는 「인공 눈」

항공기 기술자가 과하게 설계한 스바루 360은 좋은 시야가 세일즈 포인트였다.
그 연장선상에 「멀리」 그리고 「아주 가까운 좌우」를 보는 눈이 있다.

본문 : 마키노 시게오   사진 : 야마가미 히로야 / 스바루

🔺 스바루 360은 경비행기

2스트로크 직렬2기통 엔진을 차체 뒤쪽에 장착하고, 뒷바퀴를 구동하는 RR(리어 엔진·리어 드라이브) 배치구조를 한 스바루 360. 비유하자면 「360cc의 포르쉐911」이다. 충돌안전기준이 존재하지 않았다고는 하지만 가느다란 필러와 평면에 가까운 전면유리를 통해 넓은 시야를 확보했다. 그래서 카탈로그에서도 「넓은 시야」를 어필하기도. 차체 앞쪽에 트렁크가 있다.

제4세대
아이사이트 기능
신형 스테레오카메라
2008년

제3세대
ADA 8기능
스테레오 화상센서&
밀리파 레이더
2003년

제5세대
아이사이트 Ver.2

제2세대
ADA 5기능
스테레오 화상센서
2001년

엑시가
2009/Ver.1

SI-Cruie
2006/11

아이사이트에서 1유닛으로 변신

제1세대
ADA기능
스테레오 화상센서
1999년

▲ 버전 2는 사실 제5세대

아이사이트 Ver.2까지의 흐름. 이 시점에서 스테레오 화상 센서는 제5세대였다. 촬상소자를 통한 화상인식을 안전기능에 사용하는 시도는 1989년에 시작되어 이미 30년이 넘은 개발이다. ADA 제3세대에 사용되었던 레이더는 최신 아이사이트 Ver.4에서 다시 적용되었지만, 앞으로는 카메라와 레이더의 병행이 표준이 될 것으로 생각된다.

스바루의 고도운전지원 시스템(ADAS)으로 2008년 시판차량 때부터 탑재되기 시작한 아이사이트(EyeSight)가 제4세대로 진화했다. 스테레오카메라와 77GHz(기가헤르츠)의 좌우 전방레이더를 사용해 차선변경 지원이나 정체 때의 핸즈오프 지원, 전방을 횡단하려는 보행자·자전거와의 접촉회피 지원 등, 기존 세3세대까지의 기능을 대폭 확장해 등장했다.

아이사이트의 진화는 카메라나 레이더 같은 센서나 ECU(연산장치)의 진화에 힘입은 바 크다. 가능한 한 빠른 단계에서 「위험에 빠질 것 같은 상황」을 감지해서 그 위험도를 판정한 다음, 사고를 피하지 못하는 상황이 되기 전에 회피를 지원한다. 이런 일련의 태스크를 더 짧은 시간에, 더 넓은 시야각으로 실시하기 위해서는 고성능 센서나 고속연산이 가능한 장치가 필수이다.

그렇다고 해서 아이사이트가 근래에 ADAS(Advanced Driving Assistance System)가 유행하는 속에서 갑자기 등장한 것은 아니다. 아이사이트가 지나온 역사는 길다. 후지중공업 시대에 4륜차 설계를 시작했을 당시, 이미 아이사이트에 대한 여정은 시작되었다. 그리고 사명을 현재의 스바루로 바꾸고 나서도 후지중공업 시대의 사상은 계속해서 이어져오고 있다. 그 역사에 대해 잠깐 살펴보겠다.

사고를 사전에 피하는 다이내믹(passive) 세이프티(1차 안전성) 영역은, 예전에는 운전자 자신의 브레이크나 스티어링 조작이 전부였다. 그래서 무엇보다 먼저 운전하기 쉬운 환경을 만드는 것이 중요해서 운전자의 시계확보나 스티어링 등의 조작성 향상이 기본적인 안전대책이었다. 차량의 기본설계에서 안전성을 확보하는, 말하자면 0차 안전(static safety라고 불러야 할까)이라는 개념이다.

스바루는 후지중공업 시대인 1958년에 시판한 스바루 360 때부

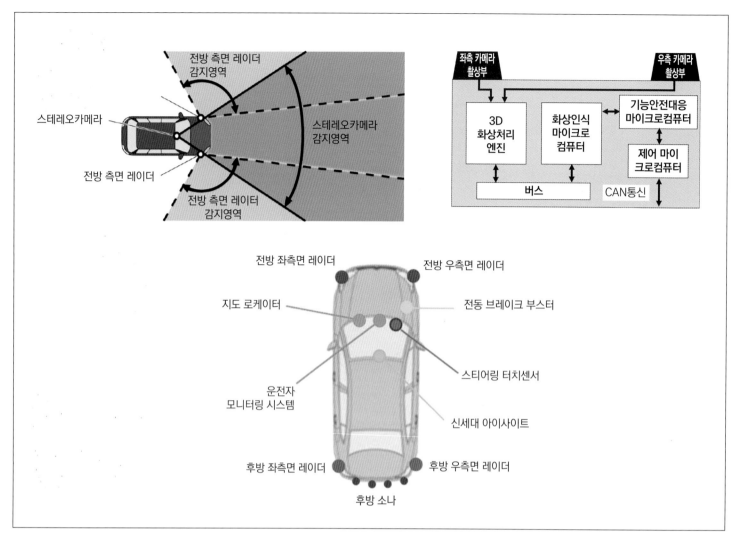

🔺 카메라와 레이더의 협업

카메라~촬상소자의 화상을 독자적 프로그램으로 처리하는 방법은 아이사이트 초대부터 이어져 온 것으로, 최신 Ver.4에서는 전방 측면카메라와 카메라를 병행해 감지 영역과 대상물을 확대했다. 스티어링에는 「잡고 있는지 아닌지」를 판정하는 기구가 장착되어 있어서 운전자 상태를 항상 모니터링할 수 있다. 후방 소나는 주차용.

터 0차 안전성을 중시했었다. 구 나카지마(中島)비행기의 항공기 엔지니어가 중심이 되어 설계한 스바루 360은 운전자가 전체 시야를 얻을 수 있도록 각각의 필러를 배치하고, 당시로서는 드물게 유리 성에제거 장치(window defroster)를 표준으로 장비했다. 또 헤드 램프에는 수동식 광축 가변기능이 갖춰져 있었다. 「항공기는 시야가 전부」라는 개념이 강해서, 후지중공업 설계진에 있어서 이런 시야관련 장비는 우선도가 높았던 것이다.

충돌안전(crash safety) 분야에서 후지중공업은 1965년부터 사내 자체적으로 충돌실험을 했다. 아직 미국의 FMVSS(연방자동차 안전기준)가 갖춰지기 전이다. 스바루 360을 자동차로 당겨서 벽에 부딪치게 하는 풀 랩 충돌시험을 했을 뿐만 아니라, 당시의 운수성이 리어엔진 자동차의 안전성을 문제시했기 때문에 스바루 360 뒤

쪽으로 대형 트럭을 충돌시키는 실험까지 실시했다.

패시브 세이프티 영역에서 후지중공업은 주파성능이 매력적이었던 AWD(4륜구동) 자동차에 스톱 기능을 높이기 위한 ABS(Anti-lock Brake System)나 TCS(Traction Control System)의 장착을 80년대부터 추진했었다. 또 4륜에 바퀴속도 센서를 장착한 4채널 ABS를 89년에 판매한 초대 레거시에 탑재했을 때 개발부문에서는 더 멀리 보기위한 스테레오카메라 개발에 착수했다.

80년대 말의 일본은 「제2차 교통전쟁」으로 불리던 시대에 돌입해 있었다. 호경기를 배경으로 자동차가 불티나게 팔리면서, 덩달아서 연간 자동차 교통사고 사망자(사고 후 24시간 이내)가 1만 명을 넘기도 했다. 교통사고 사망자를 줄이는 것이 사회적 과제로 떠오른 것이다. 그런 가운데 운수성(당시)이 중심이 되어 다른 부처 및 자

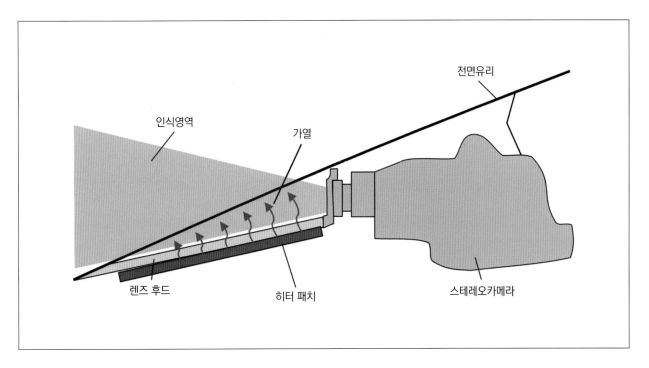

▲ 카메라 시야를 지켜주는 히터

렌즈 후드 부분에 히터 패치를 붙여서 렌즈 후드 위에 위치한 전면유리를 가열함으로써 흐려지는 것을 막는다. 히터는 외부온도나 에어컨 정보를 바탕으로 카메라 쪽에서 작동한다. 제어정보나 히터 패치의 온도 등을 감시함으로써 흐림방지 시스템의 고장도 감지한다.

동차 메이커 등과 함께 선진안전 자동차(ASV=Advanced Safety Vehicle) 개발·보급을 위한 활동이 시작되었다.

당시의 ASV 연구에서 전방 감시카메라로는 레이더가 주류였다. 그러나 후지중공업은 「사람이 눈으로 보고 뇌에서 생각한 뒤 판단을 내리는 것처럼, 자동차도 물체를 화상으로 인식해야 하지 않을까」 하고 생각했다. 레거시의 좌우 A필러에 카메라를 설치한 다음, 기선 장(基線長) 길이가 긴 스테레오카메라로 사용해 약 30만 화소의 촬상소자와 조합해서 연구하는 화상인식 연구를 출범시켰다. 필자는 92년에 처음 이 연구를 취재하면서 GPS를 이용한 자동 위치특정이나 스티어링의 바이와이어(전자제어)화도 가시권에 둔 다양한 연구들 일게 되었다. 이것이 뒤에 등장한 아이사이드의 기초연구이디.

1999년에 발표된 ADA(Adaptive Driving Assist)는 카메라 2개를 사용해 전방물체까지의 거리를 삼각 측량하는 스테레오 화상센서와 연산장치를 통해 「차선이탈경보」, 「차간거리경보」, 「차간거리 제어기능이 내장된 크루즈 컨트롤」, 「커브경보·제어」 4가지 기능을 갖고 있었다. ADAS의 뿌리이다. 1989년에 개발이 시작되었을 때는 좌우 A필러 안쪽에 있던 카메라가 룸미러 좌우에 장착되면서, 짧은 기선장에서도 기능을 발휘할 수 있는 소프트웨어가 개발되었다. 그로 인해 카메라 수광부가 와이퍼의 작동영역에 들어가 항상 스테레오카메라의 시야를 깨끗하게 유지할 수 있게 되었다. 이 카메라 배치는 현재까지 이어지고 있다.

그 뒤로 ADA는 서서히 진화해 2003년의 제3세대에서는 밀리파 레이더와 스테레오 화상센서를 같이 사용하는 방식이 되었다. 운전개입은 하지 않고 어디까지나 경고·경보만 보내는 시스템이었지만, 2008년에 등장한 초대 아이사이트

위 사진은 데모용 카메라이지만 렌즈 케이스와 바로 밑의 기판은 실제 시스템 것이다. 전자회로 집약도를 엿볼 수 있다. 화상처리에 그래픽 프로세서는 사용하지 않는다.

는 충돌직전(Pre-crash) 안전기능으로 충돌피해경감 브레이크(흔히 말하는 자동브레이크)를 갖고 있었다. 10년에 등장한 아이사이트 Ver.2(제2세대)에는 자차와 선행차량의 속도차이가 30km/h 이하일 때 충돌회피를 가능하게 하는 프리크래시 브레이크 기능이 추가되었다. 「부딪치지 않는 자동차?」라는 광고문구로 주목 받았던 아이사이트가 이 제2세대였다.

⏵ 알루미늄 다이캐스트의 케이스에 넣는 이유

↓→ 2대의 카메라와 화상처리 엔진, 화상인식 CPU는 일체형 알루미늄 다이캐스트케이스에 들어간다. 좌우 카메라의 물리적 위치가 절대로 바뀌지 않도록 하기 위한 케이스로서, 이 부분의 정밀도가 아이사이트 성능을 담보한다. 덧붙이자면 스테레오카메라 개발초기에는 좌우 카메라가 따로따로였다.

14년에 등장한 아이사이트 Ver.3은 화상인식을 처음으로 컬러로 하는 동시에 카메라의 시야각과 시야거리를 넓혔다. 또 브레이크 외에 스티어링에도 개입제어를 할 수 있게 되면서 차선이탈 상태에서의 복귀 같은 기능도 추가되었다. 그리고 Ver.3은 17년에 액셀러레이터와 브레이크, 스티어링(즉 전후가속도와 좌우진로)을 자동으로 제어하는 영역으로 진화해 「아이사이트 투어링 어시스트」라는 기능을 갖게 된다.

자동차 주행에서 운전자가 관리하는 것은 차속과 가속도(마이너스 가속도는 감속)와 전후좌우 진로 정도로, 이것은 액셀러레이터와 브레이크 페달, 스티어링으로 제어한다. 이 3요소를 모두 관리 하에 둘 수 있는 아이사이트 Ver.3 진화판은 자율주행(오토파일럿)으로 넘어가는 과정에서 기초체력을 가진 사양이라고 할 수 있다.

이어서 드디어 아이사이트 Ver.4이다. 언뜻 보기에 스테레오카메라는 변한 것이 없어 보이지만 내다볼 수 있는 촬영각도가 넓어졌다(촬영각도는 비공개). 서플라이어는 스웨덴의 비오니아(Veoneer)이다. CMOS 촬상소자는 종래의 120만 화소에서 230만 화소로 늘어났다. 가로세로 비율은 공개되지 않았지만 CMOS 크기는 1/3인치로 전과 똑같다.

촬영각도가 넓어지고 화소수는 증가했지만 촬상소자 크기는 기존과 동일. 보기에 렌즈 외경도 기존과 차이가 없다. 사실 이것은 매우 어려운 조건이다. 화소수가 증가하면 해상도는 높아지지만, CMOS 크기를 바꾸지 않고 화소를 늘리면 한 화소가 작아져 다이내믹 레인지(감지할 수 있는 가장 약한 빛과 가장 강한 빛의 차이)가 내려간다. 야간 등과 같이 조도가 낮을 때의 시인성능이 떨어지면서 역광에 가까운 낮은 콘트라스트 상황에서의 분해능도 같이 떨어진다. 한때 유행하던 디지털 카메라의 화소수 전쟁이 일단락된 가장 큰 이유가 이 때문이다.

또 렌즈 각도가 넓어지면 그로 인해 상(相)도 더 많이 일그러진다. 특히 촬영각도 바깥쪽 화상이 일그러진다. 동시에 렌즈 중심부근과 둘레부분에서는 받아들이는 광량이 줄어들어 주변화상이 약간 어두워진다. 화소수를 늘린 이유는 렌즈의 광각화(廣角化)로 인해 취약해진 「멀리 보는 성능」을 CMOS의 고해상도로 보충하기 위해서인데, 그렇게 쉽게 실현되지 않는다.

스바루는 광각카메라를 상황에 맞춰서 「그 가운데 일부분」을 사용한다. 보이는 범위를 옮겨서 사용하는 방법이다. 그리고 주변의 광량 저하나 화상 왜곡은 CMOS의 화소 하나하나에 접근해 고속 연산하는 방식으로 제거한다. 그래서 렌즈의 어느 부분을 사용해도 다이내믹 레인지는 동일하다. 소프트웨어를 통한 조정(calibration)으로 대응하는 것이다. 그 알고리즘은 스바루의 독자적 기술이다.

전방 측면 레이더는 77GHz를 사용한다. 후방 측면 레이더는 23GHz로, 다른 스바루차와 똑같다. 레이더의 주파수대는 계속해서 높아지는 추세이지만 현재 상태에서 하고 싶은 것을 하기에는 77GHz로 충분하다고 한다. 전방 측면 레이더는 광각카메라보다도 더 넓은 영역을 보면서 차량을 감지한다. 전망이 나쁜 교차로에서는 차량끼리 부딪치는 사고에 대응한다. 감시대상이 속도가 빠른 자동차면 더 빨리 발견할 필요가 있으므로 77GHz를 선택한 것이다. 이렇게 카메라에서 화상처리하기 까다로운 영역을 보완했다.

한편 카메라는 레이더가 감지하기 까다로워 하는 보행자나 자전거 같이 반사가 약한 물체를 감지할 때 위력을 발휘한다. 보행자와 자전거는 자동차보다 이동속도가 낮기 때문에 비교적 접근하고 나서 발견해도 브레이크 회피가 가능하다. 각각의 장점 영역을 살려서 충돌회피 영역을 넓히고 있는 것이다. 덧붙이자면 일본에서는 교차 충돌사고가 전체 사고 가운데 약 25%를 차지한다. 스바루 차가 많이 팔리는 북미에서는 교차로에서의 교차충돌사고가 일본보다 많다. 또 일본에서는 보행자의 횡단 중 사고가 많다. 스바루는 이런 현실 세계의 사고형태로부터 「방지해야 할 사고」의 우선순위를 가려내고 거기에 맞는 개발을 해 왔다.

동시에 애써 장착한 레이더를 사고방지에만 사용하지 않고 3D 고정밀도 지도 장치와 같이 사용함으로써, 자차위치를 정확하게 파악할 수 있는 자동차 전용도로에서의 기능을 위해서도 사용한다. 차선변경을 지원하는 액티브 차선변경 지원에도 레이더가 활용되고 있는 것이다. 조건이 갖춰진 경우에는 시간제한 없이 운전자가 스티어링에서 손을 뗄 수 있는 차선중앙유지 제어(정체 시 핸즈오프 어시스트)도 가능하지만, 감속뿐만 아니라 조향까지 포함해 사고를 피해야 하는 긴급 상황에서의 프리크래시 스티어링도 스테레오카메라와 레이더를 같이 사용함으로써 실현하고 있다.

이처럼 센서와 연산장치의 발전에 힘입어 할 수 있는 일이 증가했다. 하지만 스바루 기술자는 이렇게 말한다.

「스바루는 실용성을 중시합니다. 운전지원이 『그냥 움직이는 걸로 충분하다』가 아니라, 정말로 필요할 때, 필요한 만큼만 작동되도록 만드는 것이죠. 과도한 개입은 하지 않습니다. 한 마디로 말하자면 『인간중심』인데, 사람이 어떻게 느끼고 어떻게 사용하는지를 밝혀내고 있습니다. 특히 충돌회피 시스템의 브레이크는 불필요한 브레이크 작동으로 인해 더 큰 위험을 초래합니다. 오히려 사고를 유발할 수도 있다는 것이죠. 그래서 아이사이트에서는 정말로 필요한 계선에서 판단합니다. 반드시 필요할 때 브레이크를 작동시킨다는 것이죠」

이 개념은 아이사이트 이전의 ADA 시대부터 이어져온 것이다.

카메라가 보는 풍경과 아이사이트X 내의 진로계산을 합쳐놓은 것이 우측 3장의 사진들이다. 자차의 선회궤적 산출방법을 개량해 자차와 대상물의 진로추정 정확도를 향상시켰다. 3차원 거리정보가 스테레오카메라의 강점으로, 충돌위치 추정과 충돌판단 정확도가 훨씬 좋아졌다.

레이더는 앞쪽 범퍼 내의 코너 부분에 장착되어서 측면후방까지 포함한 범위를 감시한다. 스바루는 가벼운 충돌로 범퍼가 손상되었을 경우에 레이더 기능을 검사하기 위해서 판매점까지 자동차를 갖고 오도록 권장한다.

우회전 중인 상태. 녹색 곡선이 자차의 추정진로이고, 사각형으로 표시된 맞은편 차량의 진로는 청색 직선. 이 2개의 선이 교차하는 지점이 추정충돌 위치로 계산된 결과이다.

우회전 중에 횡단하는 보행자를 감지한 경우. 적색 선이 보행자의 추정진로. 녹색 곡선이 자차의 추정진로. 카메라 촬영각도가 넓어져 이 정도까지 내다볼 수 있다.

전방에서 보행자와 자전거가 횡단하고 있다. 카메라 시야각을 넓힘으로써 횡단속도가 빠른 자전거도 인식할 수 있다. 전동 브레이크 부스터를 사용함으로써 제동시간이 단축되었다.

그리고 제어는 자유로운 느낌을 손상하지 않도록 할 것.

「차선을 유지할 때는 이유 없이 스티어링을 움직이지 않음으로써, 뒷좌석 승객까지 포함해서 불쾌감을 느끼지 않게 거동하도록 만들려고 합니다. 가·감속 제어도 정체되었을 때 앞차를 따라서 멈추고, 앞차가 움직이기 시작해서 다시 출발할 때도 급히 쫓아가지 않도록, 부드럽게 서고 부드럽게 출발하게 만들려고 합니다. 이런 점에서 위화감을 느끼게 되면 시스템에 대한 신뢰도가 흔들리게 되고, 최악에는 우리 차를 불신하는 상황까지 가겠죠」

그런 자연스러운 느낌을 튜닝하는 것이 실험부대의 일이다. 책상 위에서만 제어를 만드는 것이 아니라 현실 세계에서 달려보고 튜닝하고 있다. 실험부대는 이렇게 말한다.

「일반 운전자가 운전지원 등의 기능을 사용하지 않으면 의미가 없기 때문에 신뢰를 갖고 사용할 수 있는 기능으로 만들어야 하겠죠. 단순히 실패하지 않는다가 아니라 운전자의 감각, 그것도 노련한 운전자의 조작에 기계적 거동을 근접시켜 『제대로다』하고 느끼게 하고 싶습니다. 계획한 대로 기계특성과 친화성을 조화시킨 제어가 아니면 안 되는 겁니다. 운전을 많이 한 운전자는 급격한 움직임을 취

하지 않습니다. 뒷좌석 탑승객도 안심하고 타려면 자동차는 느긋하게 움직여야 하죠. 그렇기 때문에 보디강성이 중요한 것이겠죠. 단단한 보디에 숙련된 운전자의 스킬. 그것이 부드러움이 드러나는 바탕이라고 생각합니다」

운전자로 하여금 위화감을 느끼지 않게 하고 적극적으로 사용할 수 있게 하는 기능이라는 의미에서는, 아이사이트 X의 고도운전지원 기능을 탑재한 레보크의 12.3인치 전면액정 표시 미터도 마찬가지이다. 일본차에서는 처음으로 내비표시기능이 내장되었다.

전면액정에 표시되는 정보, 문자 색과 형상(폰트), 표시 위치 등의 평가는 새로 설치된 차량연구실험 제5부가 담당했다. 운전지원기능 평가는 차량연구실험 제4부가 담당하고, HMI(Human Machine Interface) 영역은 제5부가 담당했다. 미터 등의 표시가 어떻게 표시되고 스위치의 조작이 얼마나 편리한지 같은 HMI영역은 앞으로 점점 더 중요해진다. 설계부서는 이렇게 말한다.

「차선변경 제어가 들어가는 시점에서 옆 차선 정보를 표시할 필요가 발생합니다. 기존 같이 조그만 표시장치로는 다 표시하지 못하는 경우도 있어서 미터를 풀 액정으로 바꿨습니다. 그런데 표시하고 싶

미터 주변이 빨갛게 되면서 가운데 부분에는 경고표시가 뜬다. 운전자의 주의를 환기시키는 기능이다.

차선변경 지원 시, 후방 레이더가 다른 차량을 감지했을 경우에 나타나는 표시. 기능과 애니메이션이 연동되어 있다.

◀ 미터 내 내비표시

고도운전지원 기능이 내장된 사양은 일본차 최초로 인스트루먼트 패널에 내비가 표시된다. 덴소의 전면(全面)액정 디스플레이. 센터 인스트루먼트 패널 위의 내비 화면보다 시선이동거리가 짧고 시인성이 뛰어날 뿐만 아니라, 현재 일어나고 있는 기능·작동을 직감적으로 운전자가 파악할 수 있다. ADAS 기능의 충실과 함께 HMI영역은 점점 중요성이 커지고 있다.

은 것을 계속 넣다 보니까 보기가 어렵더군요. 그래서 운전지원 요건 하나하나에 대해서 어떤 정보를 표시해야 할지를 간추렸습니다. 결국 표시는 필요최소한으로 했죠. 번잡하게 하고 싶지 않았거든요」

할 수 있는 일이 많아져서 정보량이 늘어나면 그것을 다루는 운전자 부담도 증가한다. 설계 쪽에는 취사선택이 요구된다. 무엇을 우선하고 무엇을 미룰 것인가에 대해서. 사실 스바루의 운전지원 시스템 개발에서는 보이지 않는 곳에서 항상 취사선택이 이루어져 왔다.

스테레오카메라 개발에 착수한 1989년, 카메라의 화상정보를 바탕으로 차량거동을 제어할 때 어떻게 정보를 정리하는 것이 좋은지에 대한 주제가 먼저 대두되었다. 현재 같으면 CAN(Control Area Network)을 사용하면 대량의 데이터를 주고받을 수 있지만, 당시에는 아직 CAN이 존재하지 않았다. 주고받을 정보를 제한해 우선 대응한 다음, ADA를 상품화하는 단계에서는 CAN을 사용할 수 있게 되었지만 주고받을 수 있는 정보량은 얼마 되지 않았다. 그래서 개발진은 ADA에 사용하는 데이터를 67개의 ID로 만들어서는 우선순위를 상황별로 결정했다. 그것을 바탕으로 ADA의 제어계층을 만들었다.

일본에서의 ASV 프로젝트 초기 때는 실험차량의 실내와 트렁크에 컴퓨터와 배터리가 가득 장착되었다. 하지만 시판차량에는 그렇게 하지 못한다. 67개의 ID로 정리한 정보를 구사해서 완성한 스바루 ADS는 4가지 기능에 불과했지만, 정보의 취사선택에 대해서 결정한 규칙이 CAN 용량이 증가함에 따라 이번에는 기능추가를 원활히 진행할 수 있게 되는 장점을 낳았다. 나아가 VDC에서의 차량 자세제어 구축에도 도움이 되었다.

89년에 시작된 스테레오카메라 개발. 그 노하우를 바탕으로 97년에는 단 10명으로 고도운전지원 시스템의 상품화 프로젝트가 시작되었다. 중간보고로 ADA라는 성과가 세상에 발표되면서 2008년에 아이사이트 Ver.1이 등장했다. 현재도 개발은 진행 중이다.

그렇다고 스바루가 운전지원 이후에 자율주행이라는 미래를 그리지는 않는다. 「기본은 즐겁게 운전하는 자동차를 만드는 것」이라고 한다. 아이사이트는 대량판매 가격으로 「더 높은 안심」을 제공하는 방법론에 지나지 않는다. 「안심·안전을 대량판매 가격으로 시장에 제공하는 것이 중대한 사명」이라는 것이 아이사이트 개발진의 입장이다.

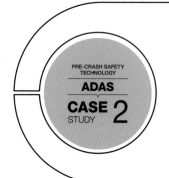

하루가 다르게 진화하는 센서기술을 신속히 적용

프로파일럿 2.0의 확장가능한 중앙주권 타입의 구조

프로파일럿 2.0은 일본 내 최초로 동일 차선 내의 핸즈오프 운전을 가능하게 했다.
거기에는 시대를 앞서나가기 위한 기술과 연구가 수많이 담겨 있다.

본문 : 다카하시 잇페이 사진 : MFi / 닛산

「갑자기 나타나는 갈림길 상황에서 정확하게 파악하는 (본선 차선에서) 것이 의외로 쉽지 않습니다」.

닛산에서 자율주행·ADAS의 선행기술 개발을 총괄하는 이지마 데츠야(飯島 徹也) 부장에게 스카이라인에 탑재되는 프로파일럿 2.0에 대해 질문했을 때, 이지마부장이 건넨 말이었다.

고속도로를 핸즈오프 상태로 주행하고 분기점 진입도 자동으로 하면서, 입구서부터 출구까지 시스템 지원을 통해 계속되는 주행…. 이것이 프로파일럿 2.0에 있어서 아직 다른 자율주행에서는 찾아볼 수 없는 가장 큰 특징이지만, 필자는 이것을 조금 오해하고 있었다. 왜냐 하면 이 기술이 높은 정밀도의 지도를 탑재한 사실이 널리 화

◀ 핸즈오프 가부를 전달

프로파일럿 2.0에서는 핸즈오프 작동이 가능해지면서 시스템 작동상태를 표시하는 디스플레이 존재가 더욱 중요해졌다. 미터 중앙에 위치하는 어드밴스드 드라이브 어시스트 디스플레이 외에 HUD(Head Up Display)까지 이용해서, 핸즈오프 중에 신경 쓰이는 시스템의 작동상태를 최소한의 시선이동만으로도 확인할 수 있다.

전방 카메라

드라이버 모니터

어라운드 뷰 모니터용 카메라

어라운드 뷰 모니터용 카메라

프런트 레이더

프런트 소나

프런트 사이드 레이더

리어 사이드 레이더

어라운드 뷰 모니터용 카메라

리어 소나

트라이캠

(촬영각도 150°/54°/28°)

사이드 레이더(x4)

프런트 레이더

소나(x12)

AVM카메라 (x4)

◉ 24개 센서로 360° 주위를 센싱

스카이라인의 프로파일럿 2.0에서는 근거리, 중거리 그리고 원거리에 대응하는 3가지 카메라 모듈을 가진 전방감시 카메라, 트라이캠(ZF제품)과 전방후방까지 총 5가지 밀리파 레이더를 이용해 모든 방향을 센싱한다. 어라운드 뷰 모니터 카메라와 소나를 추가하면 무려 24개의 외부 센서가 탑재되는 셈이다.

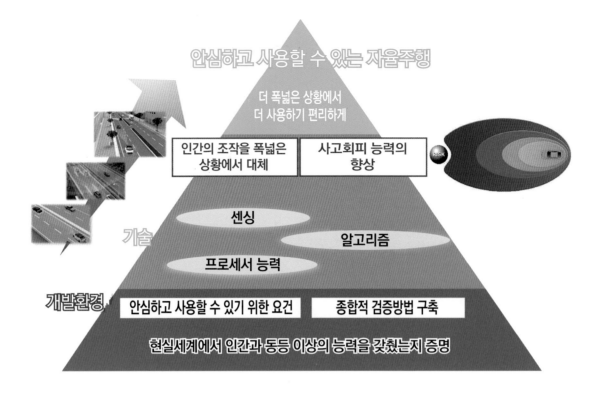

▲ 닛산의 자율주행 개발에 대한 목표와 대처

인간이 해온 운전조작을 시스템에 맡기려면 시스템이 인간과 동등 이상의 능력을 갖춰야 한다는 점을, 재현성을 담보하면서 검증할 필요가 있다. 거기에는 실증실험을 통한 주행거리나 시간을 지표로 삼는 경우도 적지 않지만, 그보다는 중요도가 높은 이벤트나 상황을 어떻게 망라해서 검증하느냐가 중요하다. 그래서 닛산에서는 시뮬레이션 기술을 이용한 개발 플랫폼 구축에 힘써왔다. 그것을 통해 기술 발전에 신속히 대응하면서 자율주행 영역을 확대해 나갈 계획이다.

제가 된 이유도 있었고, 지도 정밀도의 놀라운 발전이 가져다준 발전이라고 생각했다. 정밀도 높은 지도가 들어가면 이런 것도 가능한가, 하는 정도의 인식이었던 것이다.

물론 이 기술에 있어서 고정밀도 지도의 존재는 필수적이기는 하지만, 사실은 그것만으로 성립되는 기술은 아니었다. 확실히 고정밀도 지도를 사용하면 문자대로 지도 정밀도는 향상된다. 고속도로의 안내표지까지 포함해 경사 등과 같은 3차원(3D) 정보를 cm 단위의 정밀도로 파악할 수 있다. 하지만 그 정밀한 지도상 어디에 자차가 위치해 있는지, 그 정보가 없으면 고정밀도 지도를 사용하는 장점이 없는 것과 같다. 고정밀도 지도에는 거기에 합당한 고정밀도 위치측정 기술이 세트로 필요하다.

하지만 고정밀도 지도 대응의 준텐초위성 시스템으로부터 오는 보정정보를 이용해 GPS 위치측정 정밀도를 크게 향상시키는 「CLAS(cm급 위치측정 보강 서비스)」의 정식운용은 2020년 11월부터였기 때문에, 프로파일럿 2.0을 탑재한 스카이라인이 등장했던 2019년 시점에서는 아직 사용이 불가능했다(시험적 CLAS 운용은 시작됐지만 어디까지나 정식이 아니고, 또 메인터넌스 중단

등의 이유도 있어서 제품으로 사용할 수 있는 단계는 아니었다). 그때문에 스카이라인이 탑재한 위치측정 시스템(GPS 리시버)은 L1 시그널이라고 하는 전파로부터 얻은 정보만을 사용하는, 기존에 있던 일반적 GPS이다.

참고로 CLAS를 이용하지 않는 상태의 GPS 위치측정 정밀도는 10~15cm 수준. 카 내비게이션에서는 자차 위치를 나타내는 아이콘이 문제없이 도로를 따라 이동하지만, 그것은 지도상의 도로 즉, 화면상에 그래픽으로 그려지는 도로를 따라가는 형태로 자차위치를 추측해서 아이콘을 표시만 할 뿐이지 위치측정 정보를 나타내는 것은 아니다. 요는 "도로를 달리고 있을 것"이라는 전제를 기초로, 위치측정 정보에 가깝게 도로상에 대입되도록 자차위치를 보정하는 것이다(실제로는 그 외에도 진행방향이나 속도 등과의 정합성도 본다). 이 기술을 "맵 매칭"이라고 한다.

사실은 스카이라인의 프로파일럿 2.0에도 이 맵 매칭과 비슷한 기술이 적용되고 있다. GPS로 대략적인 위치정보를 파악하면, 그 위치정보에 해당하는 고정밀도 지도를 참조하는 동시에 전방감시용 카메라를 통해 얻은 정보, 즉 전방의 풍경을 서로 대조하는 것이

다. 기본적으로 2차원 정보인 카 내비게이션용 지도와 달리 고정밀도 지도는 3D 좌표 상에 안내표지 등의 구조물까지 정확하게 수치화되기 때문에, 이들 좌표정보(점들)를 카메라 장치의 "시점" 상태가 되도록 평면에 투영한 화상을 생성, 전방 풍경과 겹쳐서 정합을 확인하면(바꿔 말하면 전방 풍경과 일치하는 장소를 찾으면) 상당히 정확한 자차 위치를 유도해 낼 수 있다.

말하자면 맵 매칭의 진화판이라고도 할 수 있는 이 기술로 인해 프로파일럿 2.0의 위치측정 정밀도는 전후방향에서 1~1.5m, 좌우

방향에서는 5cm 정도의 오차밖에 나오지 않았다. CLAS 운용이 정식으로 시작되지 않던 2019년 당시, 고정밀도 지도를 활용하기 위해서 고안해 낸 특기라고도 할 수 있는 이 기술은, 반대로 말하면 이것이 없었다면 프로파일럿 2.0은 2019년에 실현되지 않았을 것이다. 관련 기술을 선취한다는 의미에서는 그렇게까지 할 필요가 있었던 것이다.

「고속도로의 교차로가 운전자 입장에서는 넓게 보이지만 기계(제어시스템 쪽) 입장에서는 거기서 생기는 1m의 오차는 큰 셈이죠. 교

프로파일럿 2.0의 하드웨어 구성(편집부 추측)

밀리파레이더

카메라
(CMOS카메라)

CSI(카메라 시리얼 인터페이스)

EPS ECU
※스카이라인의
경우 DAS

CAN

CAN

Eyeq4

CAN

엔진 ECU

CAN

AD 컨트롤 유닛

Ethernet(이더넷)

HD맵 ECU

CAN

트랜스 ECU

CAN   CAN

LVDS
(Low Voltage Differential Signaling)

브레이크 ECU

CAN

차속센서

서라운드 뷰
카메라

G센서

◉ 모든 센서정보를 AD 컨트롤 유닛으로 집약

지금까지의 취재내용을 기초로 해서 프로파일럿 2.0의 블록 다이어그램을 그려보았다. 각 유닛 사이는 대부분이 CAN(Controller Area Network)으로 연결되어 있어서 AD 컨트롤 유닛을 중심으로 한 방사 형태를 띠지만, 실제 CAN은 메인 BUS가 중심에 있고 거기서부터 분기된 서브 BUS 끝에 각 유닛(이것을 CAN에서는 노드라고 부른다)으로 이어지는 "생선 뼈"같은 구성을 하고 있다. 자율주행 조작과 관련된 알고리즘 등은 모두 AD 컨트롤 유닛에 실장되어 있고, 센서에서 얻은 신호로부터 정보를 추출하는 역할은 각 센서 유닛이 담당한다. 계속해서 진화하는 센서 부분을 따로 둠으로써, 노하우의 핵심인 자율주행 알고리즘을 포함한 소프트웨어는 거의 그대로 두고 유닛 교환 또는 추가하는 형태로 업그레이드가 가능하다.

Tri-cam

모빌아이의 이미지 프로세서(화상처리 모듈) EyeQ4를 탑재한 ZF제품의 3안 카메라 장치. 3개의 카메라 모듈과 EyeQ4 사이의 접속에는 데이터 트래픽 증대에 대응하기 위한 개량이 반영되었다고 한다.

AD-ECU

32비트의 ARM 코어를 사용하는 르네서스 제품의 SoC(클록 주파수 1GHz) 2기를 탑재한 자율주행 제어전용 컨트롤 유닛(ECU). 자율주행 행동의 원천인 로직이 실장되어 있는 프로파일럿 2.0의 심장부분이다.

HD 맵 유닛

다이내믹 맵을 통한 고정밀도의 3D 지도를 저장하는 스토리지로서의 역할을 하는 유닛. 대량의 지도 데이터를 실시간으로 AD 컨트롤 유닛에 전송하기 위해서 이더넷(PC용도의 LAN과 동등)으로 접속되어 있다.

⊙ 고속도로 교차로에서 요구되는 고도의 제어

스카이라인의 프로파일럿 2.0에서는 기존의 GPS(L1 시그널만 수신)를 이용하면서 고정밀도 지도와 전방감시용 카메라로부터 얻은 정보를 대조해서 확인함으로써 위치측정 정확도를 크게 높인다. 전후방향으로는 1~1.5m 정도의 오차가 발생하기 때문에 교차로에 진입할 때의 로드 패스 결정에서는 이 오차 분을 신속히 수정할 필요가 있다.

차로에 들어선 다음에 이 오차를 조절하면서 진로(path)를 결정하게 되는데, 이 부분의 로직을 짜는데 고생을 좀 했습니다」

이지마부장의 말에서도 어떻게 공략해 나갔는지를 엿볼 수 있다. 최첨단(cutting edge), 그야말로 그 끝 지점에 있었던 것이다. 사실 고정밀도 지도와 전방 풍경을 서로 대조하는 것도 상시적으로 이루어지는 것이 아니라, 교차지점의 안내표지가 나타났을 때 등과 같이 필요할 때만 하기 때문에 차량용 컴퓨터에 걸리는 연산부담을 억제한다. 데스크톱PC와 비교하면 퍼포먼스 제약이 큰 차량 컴퓨터에서 단순한 기술은 통하지 않는 것이다.

고정밀도 지도와 전방 풍경을 서로 대조해 분기 후의 진로를 결정하는 이 차량 컴퓨터를 「AD 컨트롤 유닛」이라고 한다. 운전지원과 관련된 모든 로직(≒소프트웨어)이 담겨 있다. 말하자면 프로파일럿 2.0의 심장부라고도 할 수 있는 부분으로, 32비트의 ARM 코어를 가진 르네서스 제품의 SoC(System of Chip) 두 개를 탑재한 소프트웨어 구성이다.

「화상처리 등은 카메라 장치에 내장된 모빌아이 EyeQ4 칩(이미지 프로세서)에 맡기고 있기 때문에 AD 컨트롤 유닛 자체는 그렇게 고사양은 아닙니다」(이지마부장)

AD 컨트롤 유닛의 연산능력에 대해 물어보니까 돌아온 대답이다. 최근 몇 년 사이에 ADAS/AD 세계에서 GPU 컴퓨팅이 화려한 주목을 받으면서 "TOPS"나 "FLOPS"같이 연산능력을 나타내는 단위가 활발히 이용되고 있지만, 화상처리까지 하는 GPU 컴퓨팅과 운전지원에 필요한 "판단" 능력에 특화된(한정시킨) AD 컨트롤 유닛을 단순히 횡적으로 비교하는 것이 어떤가 하는 것이었다. 덧붙이자면 이것은 참고적인 이야기인데, 이 AD 컨트롤 유닛을 공급하는 히타치 엔지니어에게 물어봤더니 GPU는 안 들어갔다고 한다. 또

▶ 준텐초위성을 이용함으로써 자차 위치의 탐색능력이 대폭 향상

2021년에 판매되기 시작한 아리아에서는 스카이라인의 프로파일럿 2.0이 등장했던 당시에는 아직 운용되지 않았던 준텐초위성을 이용한 위치측정 기술이 사용된다. 전후방향을 포함해 cm 단위의 정밀도로 위치측정 정보를 직접 얻을 수 있기 때문에, 전파가 미치지 않는 곳에서 나왔을 때 등도 정확한 자차 위치를 신속히 포착할 수 있다.

스카이라인에 사용되는 ZF제품의 카메라 장치 트라이캠이 내장된 EyeQ4는 CPU로 MIPS 코어를 가진 SoC으로, 연산처리 능력이 2.5TOPS(=Trillion Operations Per Second, 즉 1초 동안 2.5조 횟수의 명령을 실행처리)이다.

한편 이 AD 컨트롤 유닛은 2020년에 발매된 아리아에도 탑재되고 있다. 아리아에는 앞서의 CLAS에 대응하는 GPS 리시버가 들어가 있지만, 다른 하드웨어 구성은 스카이라인과 크게 다르지 않다. 특히 AD 컨트롤 유닛의 하드웨어가 이월되었다. 때문에 위치측정 기술은 크게 달라졌지만 버전은 2.0이다. 실장 소프트웨어도 업데이트되었는데, 소프트웨어가 공통이면 지금까지 축적해 온 자원을 더 살리는 것도 어렵지 않을 것이다. 이 방법은 2.0뿐만 아니라 모든 프로파일럿에서 공통이다.

L1과 L2 두 가지 대역의 신호를 수신하는 듀얼 밴드 대응의 GPS 리시버(세계 최초). 이것을 탑재한 아리아의 루프 안테나 모습. 2개의 샤크 핀은 다수의 안테나로 인한 전파간섭을 피하도록 분산배치하기 위한 것이다.

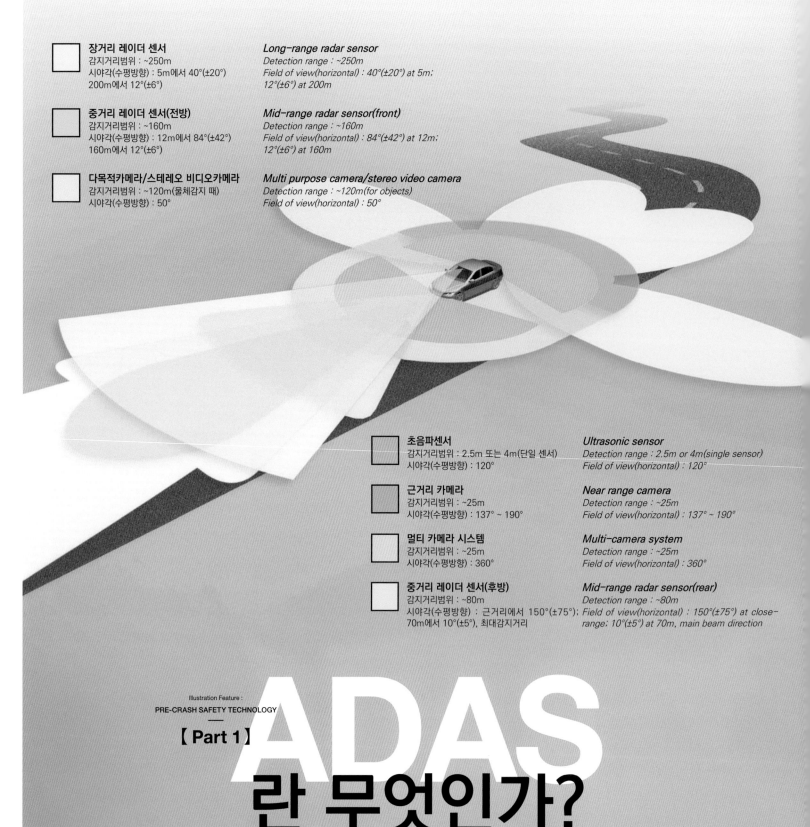

장거리 레이더 센서
감지거리범위 : ~250m
시야각(수평방향) : 5m에서 40°(±20°)
200m에서 12°(±6°)

Long-range radar sensor
Detection range : ~250m
Field of view(horizontal) : 40°(±20°) at 5m;
12°(±6°) at 200m

중거리 레이더 센서(전방)
감지거리범위 : ~160m
시야각(수평방향) : 12m에서 84°(±42°)
160m에서 12°(±6°)

Mid-range radar sensor(front)
Detection range : ~160m
Field of view(horizontal) : 84°(±42°) at 12m;
12°(±6°) at 160m

다목적카메라/스테레오 비디오카메라
감지거리범위 : ~120m(물체감지 때)
시야각(수평방향) : 50°

Multi purpose camera/stereo video camera
Detection range : ~120m(for objects)
Field of view(horizontal) : 50°

초음파센서
감지거리범위 : 2.5m 또는 4m(단일 센서)
시야각(수평방향) : 120°

Ultrasonic sensor
Detection range : 2.5m or 4m(single sensor)
Field of view(horizontal) : 120°

근거리 카메라
감지거리범위 : ~25m
시야각(수평방향) : 137° ~ 190°

Near range camera
Detection range : ~25m
Field of view(horizontal) : 137° ~ 190°

멀티 카메라 시스템
감지거리범위 : ~25m
시야각(수평방향) : 360°

Multi-camera system
Detection range : ~25m
Field of view(horizontal) : 360°

중거리 레이더 센서(후방)
감지거리범위 : ~80m
시야각(수평방향) : 근거리에서 150°(±75°);
70m에서 10°(±5°), 최대감지거리

Mid-range radar sensor(rear)
Detection range : ~80m
Field of view(horizontal) : 150°(±75°) at close-
range; 10°(±5°) at 70m, main beam direction

Illustration Feature :
PRE-CRASH SAFETY TECHNOLOGY
—
【 Part 1 】

ADAS
란 무엇인가?

사실과 현상별 지원기술과 그 감지방법, 보쉬의 경우

2020년대 초반, 다양한 선진 운전지원 시스템(ADAS)이 실용화되었다.
거의 다 운전자나 탑승객의 부담을 줄임으로써 안전운전에 기여하는 패키지이다.
과연 이런 시스템들은 어떤 테크놀로지에 의해 성립된 것일까. 보쉬의 ADAS 패키지를 통해 그 모습을 들여다 보겠다.

본문 : MFi 사진 : 보쉬

2020말 시점에서는 더 이상 ADAS(선진 운전지원 시스템)를 전혀 적용하지 않는 자동차를 찾기가 더 어려워졌다. 그 정도로 운전자를 지원하기 위한 시스템이 보급되었다는 반증으로, 결과적으로 안전하고 원활한 교통 환경을 만들어내고 있다. 이런 시스템을 실현하는 것은 위에서 언급한 장치들 때문이다. 보쉬에 따르면 각각의 장치들은 장단점이 있어서 서로의 보완을 통해 고도의 복잡한 기능을 확실하게 제공할 수 있게 되었다고 한다.

ADAS라고 한 마디로 말하지만 종류와 기능은 매우 다양하다. 크게 나누면 「편리·쾌적」과 「예방·안전」으로, 속도영역에서는 「순항 중」, 「극저속 영역」으로 나눌 수 있을 것이다. 각종 기능은 같은 센서를 사용해 다른 기능을 만들어내기도 하지만, 각각은 맡은 범위와 특질이 엄밀하게 정해져 있다. 예를 들면 ACC(선행차량 자동추종 기능)는 레이더로 앞에서 달리는 차의 상대속도와 거리를 측정하면서 주행하다가 앞차와의 거리가 좁혀지면 브레이크를 걸어 위험을 피한다. 한편으로 AEB(자동 긴급제동 장치, Autonomous Emergency Brake

	밀리파 레이더	Radar sensor
	다목적 카메라	Multi purpose camera
	근거리 카메라	Near range camera
	초음파 카메라	Ultrasonic camera
	ESP	Electric stability program
	조향각도 센서	Steering angle sensor

보쉬의 ADAS 패키지

ADAS 장치로는 위 6종류가, 기능적으로는 표에 있는 종류들이 보쉬의 최신 제품들이다. 같은 장치에서 다양한 기능이 만들어지고 있는 것을 알 수 있다. cloud-based wrong-way~에는 장치가 이용되지 않는데, 이것은 통신기능을 이용해 운전자에게 알려주는 시스템이기 때문이다. 게다가 이들 6종류를 고도로 작동시키기 위한 중앙연산제어 기구를 적용한 것도 등장하기 시작했다. 라이다(LiDAR) 부여를 포함해서 앞으로 더 복잡하고 고도화될 것으로 생각된다.

	front radar sensor	corner radar sensor	multi purpose camera	stereo video camera	near-range camera	ultrasonic sensor	steering-angle sensor	ESP
lane change assist		○						
lane departure warning			○	○				
lane keeping assist			○	○				
automatic emergency braking	○	○	○					
automatic emergency braking on vulnerable road users			○		○	○		
rear cross traffic alert		○						
road sign information			○	○				
intelligent headlight control			○	○				
adaptive cruise control	○		○					
cloud-based wrong-way driver warning								
construction zone assist					○	○		
driver drowsiness detection							○	
evasive steering support	○		○					
maneuver emergency braking						○		○
multi-camera system					○	○		
parking aid						○		
park assist						○		
real view system					○			
blind sport detection						○		

system) 기능도 마찬가지로, 레이더로 충격에너지를 줄이기 위해서 브레이크를 건다. 자동차에 나타나는 현상으로는 같아 보이지만, ACC에서는 ISO를 비롯해 최대 감속도가 어느 정도 선까지 엄밀하게 정해져 있어서 AEB처럼 앞부분을 급격히 강하(nose dive)할 정도의 자동차 제동은 일어나지 않는다. 같은 제동기능이라도 기술명이 다른 데는 이유가 있는 것이다.

각종 기능에 있어서 저마다 특징을 입히는 것은 자동차 메이커의 방침에 따라 실현된다. 예를 들면 LKA(차선유지 지원) 기능만 해도, 차선 내에서는 완강하게 중앙을 유지하는 브랜드가 있는가 하면, 이탈할 것 같을 때만 강력히 지원이 들어가는 브랜드가 있는 등 적용방식은 각양각색이다. 제어를 적용하는 자체는 보쉬가 맡고 있지만 「어떻게 작동시킬지」에 대해서는 브랜드의 철학에 전적으로 의존하고 있다고 한다. 예를 들면 독일세가 비교적 차선 내 이동에 너그러운 경향인 것은 초고속 영역에서 그때마다 조향제어가 들어가면 차량자세가 그때마다 무너진다고 보기 때문이다. 반면에 일본세가 차선중앙을 계속 유지하도록 하는 것은 무엇보다 운전자 보조를 우선하고 있기 때문이다. 물론 차량 자체가 탑재하는 파워 트레인이나 드라이브 트레인 성능에 따라 ADAS를 듣게 하는 방식은 크게 영향을 받는다고 한다.

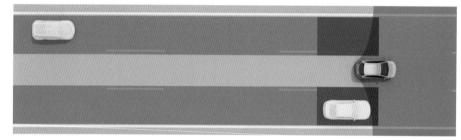

차선변경 지원 ▶ Lane change assist

주행 중 알림기능. 차량 후방에 장착된 중거리 밀리파 레이더를 통해 지금부터 이동하려고 하는 구역에서 주행하는 이동물체를 감지. 움직이는 물체의 상대속도나 거리감지가 뛰어난 밀리파 레이더의 특성을 살린 기능으로, 운전자에게는 방향지시기의 점등 등으로 차선변경 가부를 알려준다.

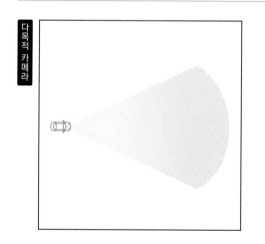

차선이탈 경고 ▶ Lane departure warning

주행 중 지원 기능. 윈드 실드 안쪽에 장착된 다기능 카메라를 통해 주행 중인 차선을 인지하다가 이탈할 것 같은 순간에 방향지시기의 점등 등으로 경고한다. 「보고 있는 상태」에서 감지하는 것이기 때문에 적설이나 호우, 야간 등과 같이 잘 보이지 않는 상황에서는 기능이 제한 받는 경우가 있다.

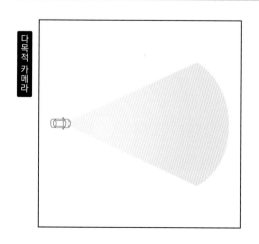

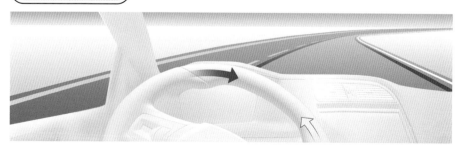

차선 내 주행을 유지 ▶ Lane keeping assist

주행 중 어시시트 기능. 감지 구조 측면에서는 기본적으로 위의 LDW와 같지만, 취득한 정보로부터 스티어링 장치를 제어해 차선 내로 되돌리는 상태까지를 포함하는 기능이다. 어떻게 되돌릴지, 언제 움직이도록 할지는 차량의 조향특성이나 각 메이커의 방침에 전적으로 의존한다고 한다.

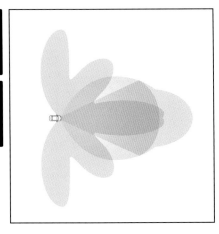

밀리파 레이더 / 다목적 레이더

한 눈을 파는 사이에 발생하는 충돌을 회피 ▶ Automatic emergency braking

주행 중 어시스트 기능. 차량 전방의 중거리·장거리 밀리파 레이더가 상대속도와 거리를 감지하는 동시에, 다목적 카메라가 물체를 인식해 부딪칠 것 같은 상황이라고 판단하면 브레이크를 발동시킨다. 부딪치기 전에 한 번 경고했는데도 조작이 이루어지지 않을 때는 급제동시키는 경우가 많다.

다목적 카메라 / 근거리 카메라 / 초음파 센서

보행자나 자동차와의 충돌을 회피 ▶ AEB on vulnerable road users

비교적 저속에서의 주행 중 어시스트 기능. 앞의 AEB가 기본적으로 밀리파 레이더를 위주로 하는 감지인데 반해, 이 기능은 카메라를 통한 보행자 및 자동차의 인식을 중시한다. 나아가 초음파 카메라와 근거리 카메라를 통해서 근거리 접근물체의 감지를 조합한다는 점이 특징.

카메라가 보행자를 감지해 급제동

교통약자에 대한 자동 긴급제동 장치 (AEB on vulnerable road users) 시범 모습. 노상주차 중인 상태에서 사각지대로부터 어린이가 갑자기 뛰어나오는 상황을 상정. 보이지 않는 구역은 초음파 레이더로 접근을 감지하고, 카메라에서 보행자임을 판단한다. 센서의 장단점을 잘 보완함으로써 고기능을 끌어냈다.

밀리파 레이더

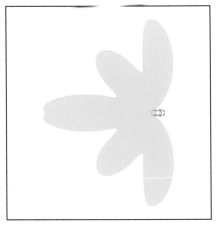

후진할 때 접근하는 차와 충돌을 회피 ▶ Rear cross traffic alert

저속에서의 알림기능으로, 차량 후방의 밀리파 레이더를 사용. 좌우에 주차차량이 있어도 밀리파의 전파는 그 아랫부분을 반사하는 등으로 작동하면서 주위와의 거리를 측정하기 때문에 접근해 오는 자동차 등을 감지할 수 있다. 운전자에게는 방향지시기 점등 등으로 주의를 환기시키는 구조.

다목적 카메라

주행 시 교통표지를 자동 인식 ▶ Road sign information

주행 중 알림기능. 다목적 카메라로 표지를 인식한 뒤, 표지정보를 미터패널 등으로 보여줌으로써 운전자의 주의를 촉구한다. 유럽에서는 속도제한에 대한 불이익이 상당히 강력하기 때문에 만들어진 기능이라고 생각된다. 카메라가 발전하면서 표지 종류나 형상까지 인식할 수 있게 되었다.

다목적 카메라

자동적으로 헤드라이트를 전환 ▶ Intelligent headlight control

주행 중 어시스트 기능. 다목적 카메라가 맞은편 차량의 존재를 인식해 상대편의 눈이 부시지 않도록 헤드라이트의 하이·로를 자동으로 전환한다. 교통사고 가운데 「라이트 때문에 보이지 않아서」때문인 경우가 많은데, 그것을 방지하는 데도 유용한 기능이라 각 메이커마다 서둘러 채택하고 있다.

밀리파 레이더

다목적 카메라

자동적으로 전방 차량을 따라가는 기능 ▶ Adaptive cruise control

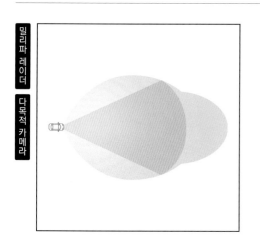

주행 중 어시스트 기능. 밀리파 레이더와 다목적 카메라의 조합. 전방 차량과의 상대속도를 파악해 설정한 차간거리를 유지하면서 쫓아간다. 전에는 비교적 속도가 빠른 범위에서만 적용되었지만, 지금은 EPB(Electronic Parking Brake)와 조합해서 정차와 출발까지 담당하는 시스템으로 기능이 고도화되고 있다.

다목적 카메라

초음파 센서

공사장해물까지의 거리를 파악 ▶ Construction zone assist

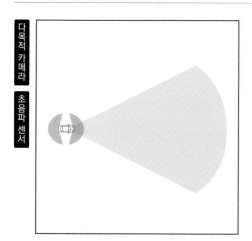

비교적 저속일 때의 어시스트 기능. 갓길 등의 공사 때문에 설치된 방호벽이나 고깔 콘 등을 다목적 카메라가 정확하게 파악하고, 초음파 센서로 정보를 얻어가면서 적절한 거리를 유지해가며 주행한다. 갓길로부터 휠이 손상되지 않도록 거리를 두는 사용방법도 실현되고 있는 것 같다.

조향각도 센서

운전자의 졸음을 감지해 경보 ▶ Driver drowsiness detection

주행 중 알림기능. 졸음운전을 할 것 같다고 자동차가 판단하면 미터 패널을 통해 경보나 알람 등을 울리게 해 휴식을 취하도록 촉구한다. 운전자가 졸고 있다고 판단하는 재료는 스티어링 조작이다. 조향각도 센서를 통해 조향조작에 대한 기록을 시작한 다음 이상을 감지했을 때 경보를 울린다.

밀리파 레이더

다목적 카메라

조향을 지원해 안전지대로 피하도록 하는 기능 ▶ Evasive steering support

주행 중 어시스트 기능. 밀리파 레이더와 다목적 카메라를 조합해서 사용한다는 점에서는 ACC와 같고 긴급 브레이크를 작동시킨다는 점에서는 AEB와 똑같다. 다만 이 기능은 카메라를 통해 안전지대를 파악한 다음 조향지원을 바탕으로 안전지대로 피할 수 있는 기능이 있다. 2차 피해를 막을 수 있는 것이다.

피할 수 있는 장소를 자동차가 판단

회피 조향 보조(Evasive steering support)의 시범주행 모습. 예를 들어 순항 중에 전방차량이 갑자기 차선을 변경했는데 그 앞으로는 정체된 차량들이 서 있는 상황을 상상해 보자. 카메라가 피할 곳을 판단해 운전자의 「이쪽으로 피해야겠다」는 의사를 따라 스티어링 조작을 지원한 다음 정차하는 식의 기능이다.

초음파 센서 / ESP

사각지대 구조물과의 충돌을 방지 ▶ Maneuver emergency braking

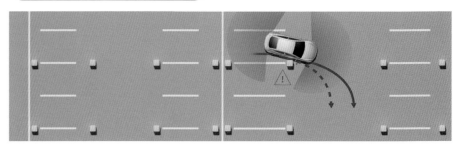

초저속에서의 어시스트 기능. 초음파 센서가 파악한 장해물을 조향으로 피할 수 없다고 판단했을 경우에 ESP(Electric Stability Program)를 발동시켜 충돌 전에 차량을 정지시킨다. 접근했을 때 운전석에서 잘 안 보이는 낮은 장해물 등에는 효과가 좋지만, 작동되었을 때 「왜 섰지?」하고 놀라는 경우도 있다.

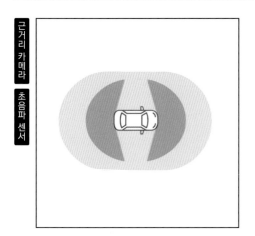

근거리 카메라 / 초음파 센서

여러 대의 카메라로 장해물을 감지 ▶ Multi camera system

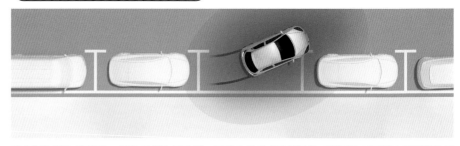

초저속일 때의 알림기능. 차량 주위를 감지하는 근거리 카메라의 화상을 조합해서 자동차를 위쪽에서 조망하는 것 같은 화상으로 합성한 다음, 거기에 초음파 센서를 통한 근접 정보를 사용해 거리경보를 알려줌으로써 주차할 때 도움이 되도록 하는 기능. 위 그림에서 보듯이 일자로 주차할 때 등에 매우 유용하다.

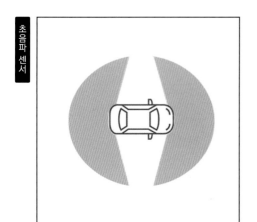

초음파 센서

주차 시 거리 상태를 알려주는 기능 ▶ Parking aid

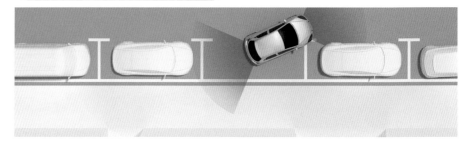

초저속에서의 알림기능으로, 초음파 센서를 사용. 주변에 주차해 있는 차량이나 벽 등의 구조물에 대해 초음파 센서로 파악하는 거리를 경보음 등으로 운전자에게 알려준다. 조향으로 인한 선회궤적을 포함해 자기 차와 「부딪칠 것 같은 상태임, 접촉할 것 같은 상태임」을 알려준다. 예전서부터 있던 기능이다.

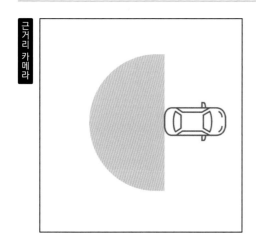

근거리 카메라

후진 시 사각지대를 시각화하는 기능 ▶ Rear view system

초저속에서의 알림기능. 근거리 카메라로 얻은 화상을 화면 등에 띄움으로써 운전자 자신이 어디까지 후진할 수 있는지 거리감을 갖도록 해주는 기능. 당연히 전방에 카메라가 설치되어 있으면 전방에도 똑같은 기능이 가능. 주차 지원(Packing aid)과 조합해 상승효과를 일으키는 시스템도 많을 것이다.

초음파 센서

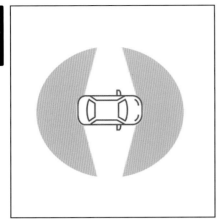

자동주차 기능을 실현 ▶ Park assist

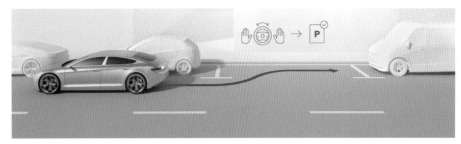

초저속에서의 어시스트 기능. 초음파 센서가 「지금부터 주차하려고 하는 구역」의 공간정보를 통과할 때 계산한 다음 시스템을 발동시키면, 전진후퇴 및 조향을 자동으로 제어하면서 주차할 곳에 자동적으로 주차하는 기능. 차량 밖에서 스마트폰 등으로 원격조작하는 시스템도 있다.

버튼 하나로 자동주차하는 편리함

운전자로서 해야 하는 일은 주차할 곳 주변을 천천히 지나가기만 하면 되고, 그렇게만 하면 자동차가 주차 가부를 포함해서 판단한다. 주차가 능한 곳이 있으면 버튼 하나만 눌러주면 자동차가 스스로 주차를 시작한다. 그밖에 좁은 도로를 지나가는데 맞은편에서 차량이 나타나 내 차가 후진해야 할 때, 자동으로 후진하는 시스템도 실용화되었다.

초음파 센서

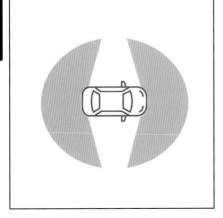

주행 시 후방 사각지대의 인지를 보조하는 기능 ▶ Blind sport detection

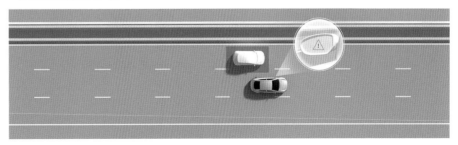

주행 시 알림기능. 차선변경 어시스트 기능과 비슷하지만, 이 기능은 초음파 센서를 이용하기 때문에 초근접 차량을 감지했을 경우에 작동한다. 운전자에게는 접근하는 쪽의 사이드 미러 등에 경고등을 깜빡여 주의를 환기시킨다. 기본적으로는 밀리파 레이더와 조합하게 될 것이다.

ADAS, 3종의 특별한 장치

선진안전 기능을 구현해 주는 장치들

운전자의 부담을 크게 줄여주는 ADAS는 어떤 장치로 주변 정보를 파악해 작동으로 넘어가는 것일까.

본문 : MFi 사진 : 아우디 / 덴소 / 보쉬 / 발레오 / MFi

인간처럼 「보는 것」에 특화된 장치

ADAS 장치로는 새로운 부류로서, 하루가 다르게 진화하고 있다. 단안(單眼) 방식과 복안(複眼) 방식이 있으며, 대개는 단안 방식과 레이더를 조합해서 사용한다.

차량 카메라

근거리 카메라

밀리파 레이더
(중거리)

근거리 카메라

「계측」에 특화된 플레이어

전파를 쏴서 반사되어 돌아온 시간으로 상대와의 상대거리와 속도를 측정한다. 전파강도를 높이면 멀리까지 날아간다.

밀리파 레이더
(장거리)

초음파센서

밀리파 레이더
(중거리)

센트럴 컨트롤러

오래 전부터 있었던 심플한 거리측정 장치

구조적으로는 레이더와 동일. 초음파를 사용하기 때문에 근거리 측정에 한정되지만, 가격이 싸기 때문에 여러 대를 사용해 고기능을 실현한다.

주행 중에 이동물체를 확실하게 파악
출력을 억제하는 동시에 조사범위를 넓힌 레이더. 상대거리·속도감지가 뛰어나기 때문에 고속 이동물체 파악에 사용된다. 전파흡수는 잘 하지만 감지는 잘 못한다.

밀리파 레이더
(중거리)

정차할 때나 저속 시 차량 주위를 파악
돌출부위에 장착해 운전자의 사각지대를 보완하는 목적으로 사용한다. 여러 대의 화상을 합성해 조감이나 입체화면으로 만드는 시스템도 실용화되었다.

근거리 카메라

밀리파 레이더
(중거리)

초음파 센서

게이트웨이

라이다(LiDAR)
직진성이 뛰어난 레이저를 중층화시켜서 발진(發振)한 다음, 반사파로부터 거리와 형상을 정확하게 스캔한다. 장치 자체를 회전시키면서 복수의 소자에서 발진함으로써 360도 감지가 가능. 우측의 스칼라(SCALA) 제품은 가동 미러를 작고 가볍게 만들었다.

만능 약은 아직 존재하지 않는다. 여러 종류를 장착할 필요가 있다.

사진 속 차량은 아우디 SUV의 기함인 Q8을 사례로 든 것이다(다만 부근에 배치한 장치들은 차량에 탑재되어 있는 것과 다르므로 주의하기 바란다). 제목에서 3종의 특별한 장치라고 비유했듯이, 선진 안전기능(ADAS)을 구현하기 위해서 레이더와 카메라, 라이다(LiDAR)를 사용하는 것이 현재의 트렌드이다. 모사의 기술자가 「핸드프리 상태에서 생각했을 때의 최소한은 전방 카메라 1대, 근거리 카메라가 앞뒤로 4개, 레이더가 앞뒤로 5개입니다. 이 정도만 있으면 구현할 수 있죠」라고 말하는 데서도 알 수 있듯이, 차량 각 부분에 여러 개를 장착할 필요가 있다.

3종 각각에 대해서는 이후 페이지에서 상세히 설명하겠지만, 각종 장치마다 장단점이 있어서 그것을 서로 보완하는 형태로 고기능을 구현한다. 대략적으로만 살펴보자면, 카메라는 「보는 기능」이 뛰어나기 때문에 형상이나 가로방향 움직임을 파악하기에 좋다. 그에 반해 레이더는 「측정하는 기능」에 특화되어 있어서 세로방향(앞뒤방향) 거리를 측정하는데 좋다. 그 때문에 실용화된 ADAS 패키지에서는 세로(레이더)와 가로(카메라)를 조합해서 시스템화하는 사례가 많다.

물론 카메라로만 가로방향을 인식하도록 하는 방식도 있다. 그 단적인 사례가 스테레오 카메라를 통한 시차(視差)효과 방식인데, 장치가 커지거나 비싸지기 때문에 기능과의 균형이 요구된다. 또 단안 카메라로만 시스템을 구현하는 사례도 있지만, 그런 경우는 「한 마디로는 설명할 수 없을 정도로 복잡한 제어가 필요하다」는 말에서 알 수 있듯이 심플한 장치구성이지만 상당한 수고를 필요로 하는 시스템인 것 같다.

라이다는 양쪽의 장점을 겸비한 수퍼 플레이어이지만, 차량탑재성과 경제성을 모두 만족시킬 수준까지는 발전하지 못한 상태라서 대량보급까지는 더 시간이 필요하다. 그에 반해 초음파 센서는 이들 장치 가운데는 가장 역사가 긴 장치로, 구조도 간단하고 가격도 저렴하기 때문에 소형저가 자동차를 포함해서 채택하는 사례가 아주 많다.

이것들을 복잡하게 구분해서 사용하고 기능을 고도화하면 장치에 들어가는 ECU 부담이 커진다. 게다가 SAE의 자율주행 레벨이 높아져서 핸즈오프나 완전 자율주행 정도 되면 처리능력의 고도화가 더 요구된다. 그런 점까지 감안해서 지금은 중앙제어 장치에서 장치들을 제어하도록 설계함으로써 빠르고 스마트한 기능제공이 가능하다.

SENSOR 01 RADAR / SONAR

밀리파 레이더 / 초음파 센서

[눈에 보이지 않는 전파를
이용해 거리나 상대속도를 시각화]

물체까지의 거리를 측정하는 밀리파 레이더와 초음파 센서.
카메라는 물체의 형태나 주변 풍경을 포착하지만, 화상만으로 깊이 있게 파악하는 일은 간단하지 않다.
거리측정 센서가 거리정보를 제공함으로써 「몇 m 앞에 있는지」를 파악하기 쉽게 해준다.

본문 : 사이토 유키 사진 : 다임러 / 콘티넨탈 수치 : 만자와 고토미 / ZF

송신하는 전자파의 주파수를 주기적으로 변화시켜 수신할 때와 송신할 때의 주파수 차이를 측정하는 「FMCW(주파수 변조 연속파)방식」이나 주파수 변화와 수신할 때까지의 시간 양쪽을 토대로 하는 「펄스 방식」이 있다.

「TOF(Time Of Flight)」방식을 통해 송신파가 반사되어 돌아올 때까지의 시간으로 거리를 측정한다. 초음파를 이용하기 때문에 송신파 속도가 느리다. 그 때문에 거리측정이 근거리에 한정된다는 특성이 있다.

[밀리파 레이더]

[초음파 센서]

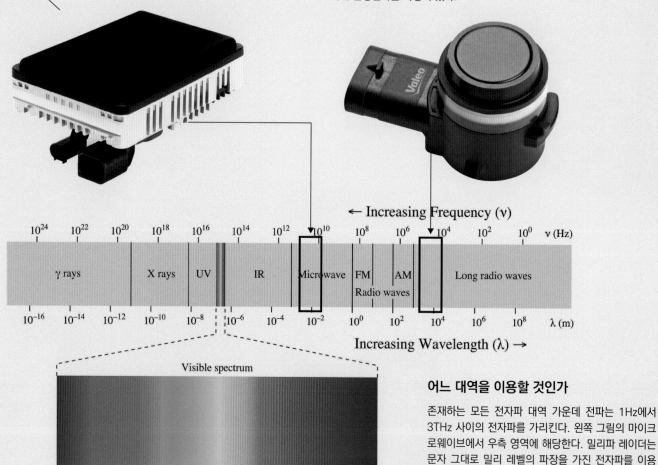

← Increasing Frequency (ν)

| | | | | | | | 10^{10} | 10^8 | 10^6 | 10^4 | 10^2 | 10^0 | ν (Hz) |

10^{24} 10^{22} 10^{20} 10^{18} 10^{16} 10^{14} 10^{12} 10^{10} 10^8 10^6 10^4 10^2 10^0 ν (Hz)

γ rays　　X rays　　UV　　IR　　Microwave　FM　　AM　　Long radio waves
　　　　　　　　　　　　　　　　　　　　Radio waves

10^{-16} 10^{-14} 10^{-12} 10^{-10} 10^{-8} 10^{-6} 10^{-4} 10^{-2} 10^0 10^2 10^4 10^6 10^8 λ (m)

Increasing Wavelength (λ) →

Visible spectrum

400　　　500　　　600　　　700

Increasing Wavelength (λ) in nm →

어느 대역을 이용할 것인가

존재하는 모든 전자파 대역 가운데 전파는 1Hz에서 3THz 사이의 전자파를 가리킨다. 왼쪽 그림의 마이크로웨이브에서 우측 영역에 해당한다. 밀리파 레이더는 문자 그대로 밀리 레벨의 파장을 가진 전자파를 이용하는 장치로, 24GHz~79GHz를 사용. 초음파 센서는 20~400kHz를 이용한다.

거리 측정방법은 동일, 이용하는 전자파 차이로 특성이 달라진다

밀리파 레이더와 초음파 센서는 모두 물체까지의 거리를 측정하는 장치이다. 밀리파 레이더는 전자파를, 초음파 센서는 이름 그대로 초음파를 안테나에서 쏜다. 물체에 부딪쳐 반사된 탐색파(전자파 또는 음파)를 다시 안테나에서 수신한다. 이렇게 반사파를 수신할 때까지의 시간이나 반사파를 수신한 각도 등을 바탕으로 어느 정도 떨어진 장소의, 어떤 방향으로 물체가 있는지를 검출하는 구조이다. 밀리파 레이더와 초음파 센서는 측정할 수 있는 거리에서 큰 차이를 보인다. 그 차이는 전자파와 초음파 성질의 차이 때문에 생기는 것이다. 초음파 센서의 감지거리는 몇 m가 한계이지만, 밀리파는 직진성이 뛰어나기 때문에 200m 정도 떨어진 물체를 감지할 수 있다. 다만 밀리파 레이더는 초음파 센서 같이 가까운 거리의 물체를 잘 감지하지 못했다. 그 때문에 주차할 때의 장해물 감지에 초음파 센서를 이용해 왔다.

밀리파 레이더는 전파 파장이 1~10mm 이라서 「밀리파」라고 부른다. 주파수대로는 30G~300GHz가 밀리파에 해당하지만, 차량용 밀리파 레이더가 사용하는 것은 주로 77GHz대이다. 조기 단계부터 많은 나라들이 차량용 밀리파 레이더 이용에 할당한 주파수가 77GHz대였던 이유도 있어서 주류로 자리 잡았다. 이 외에 준(準)밀리파인 24GHz대를 사용하는 레이더도 있다. 또 79GHz대를 사용하는 밀리파 레이더의 보급이 진행되려고 한다. 일반적으로 준밀리파 레이더는 장거리 감지에 적합하지 않기 때문에, 측면 약간 후방의 운전자 사각지대로 이동물체가 접근하는지를 센싱하는 용도로 많이 사용한다. 감지거리 길이는 시스템이 주변 환경을 얼마나 빨리 예측하느냐와 직결된다. 그 때문에 장거리의 전방 감시는 준밀리파 레이더가 아니가 77GHz대의 밀리파 레이더가 담당해 왔다.

그 외에 새롭게 도입되고 있는 79GHz대의 큰 특징은 두 개 물체의 거리나 속도를 다르게 검출하는 분해능의 향상이다. 밀리파 레이더는 광대역 수준의 분해능을 높은 정밀도로 할 수 있다. 77GHz대 밀리파 레이더는 대역폭이 ±500MHz밖에 안 될 정도로 좁지만, 79GHz대 밀리파 레이더는 대역폭이 ±2GHz나 될 만큼 넓다. 이 차이로 인해 거리방향의 분해능이 77GHz대는 몇 십cm 단위에 불과하지만, 79GHz는 몇cm 단위까지 좋아지는 것으로 알려져 있다. 분해능이 낮으면 여러 개의 물체를 하나로 인식하지만, 분해능이 높으면 하나하나의 물체를 구분할 수 있다. 차량 주변에 있는 물체를 하나씩 인식하는 일은 ADAS 성능향상의 확대로 이어진다. 보급에 대한 기대가 높아지는 이유이다.

이처럼 밀리파 레이더는 각각의 주파수대나 대역폭 특성을 살려서 감지성능을 높이는 식으로 초음파 센서를 대체하려고 한다. 예를 들면 자동차 주변을 횡단하는 보행자나 가느다란 폴(pole), 자동차가 진행하는 방향에 대해 수직으로 서 있지 않는 벽 등, 초음파 센서로는 감지하기 어려웠던 것이 79GHz대 밀리파 레이더에서는 감지할 수 있다. 현재는 가격 측면에서 초음파 센서가 우세하지만, 밀리파 레이더의 뛰어난 감지성능이나 악천후 영향을 잘 받지 않는다는 점, 주차할 때의 장해물 감지 외에도 사용할 수 있다는 점을 감안하면 앞으로는 밀리파 레이더가 우위성을 높여나갈 것 같다.

▽ **밀리파 레이더**의 시야각과 거리의 센싱 사례

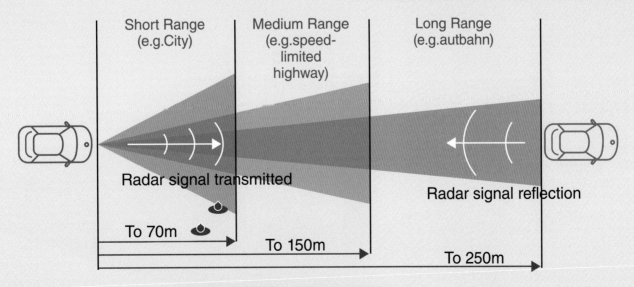

일반적으로 강도를 높일수록 탐색파 형상이 날카로워져서 멀리까지 날아갈 수 있지만, 근거리에서의 감지기능은 떨어진다. 근거리에서는 확하고 쏴서 광범위하게 인식할 수 있지만 먼 쪽은 그렇게 하기 힘들다. 그 때문에 영역을 나눠서 원근 거리를 구분해서 사용한다. 밀리파 레이더에서는 24GHz 및 77GHz가 실용화되었으며, 나아가 79GHz 보급을 계획 중이다.

	근거리 (Short Range)	중거리 (Medium Range)	장거리 (Long Range)
시야각	60~150°	20~60°	10~30°

차량용 카메라

[ADAS 구현에 필수적인 "보는 기능"을
담당하는 센서의 주역]

전면유리 상부의 실내 쪽에 장착되는 카메라 장치. 대응거리 범위가 다른 3개의 카메라와 물체 등을 인식하는 화상처리 모듈을 일체화하고 있다. 카메라 수는 제각각이지만 화상처리 시스템까지 일체화하는 구성은 많이들 하는 방식이다.

차량에 탑재되는 센서 가운데서도 가장 많은 정보를 얻는 것이 카메라이다. 가전용도로는 이미 익숙해진 제품이지만,
까다로운 차량용 조건에 대응하면서 화상인식 같은 부분까지 포함해 성능을 확보하기는 결코 쉬운 일이 아니다.

본문 : 다카하시 잇페이 사진 : MFi / ZF 수치 : 만자와 고토미 / MFi

단안(單眼) 카메라

심플하고 크기나 발열도 최소한
가장 기본적인 카메라 장치

탑재되는 카메라 모듈이 하나뿐이라 비교적 근거리의 넓은 각도 범위를 파악하는 성능을 중시. 당연히 기대할 수 있는 성능은 최소한이지만, 전방 대상물이 화상각도 안에 들어오는 위치와 크기를 통해 (대상물까지의) 거리를 추정하는 것도 가능해서 필요에 맞게 충분한 능력을 확보할 수 있다. 부품수가 적기 때문에 비교적 가격이 저렴할 뿐만 아니라, 크기도 작아서 운전자 시야를 방해하는 것도 최소한에 그친다. 전면유리 면적이 작은 소형차를 비롯해 입문차 등의 모델에도 적용하기 쉽다.

복안(複眼) 카메라

복수의 카메라를 이용해
가까운 곳부터 먼 곳까지 더 광범위한 정보를 취득

복수의 카메라 모듈을 탑재하는 카메라. 지금까지는 2개의 같은 카메라를 약간 떨어뜨려서 배치하는 스테레오 카메라가 대표적이었지만, 근래에는 대응 거리범위(range)가 다른 몇 종류의 단안 카메라 모듈을 묶어서 사용하는 것도 등장. 스테레오 카메라가 시차(視差)효과를 통한 거리측정 성능을 확보하기 위해서 카메라 사이에 간격(基線長)을 필요로 했던데 반해, 후자에서는 그런 간격이 필요 없어지면서 비교적 작게 만들 수 있게 되었다. 단점으로 지적되는 거리측정 성능은 필요에 따라서 레이더나 라이다를 같이 사용하는 식으로 커버하면서 카메라 수를 영상정보 취득범위를 확대하는 쪽으로 살리고 있다.

카메라뿐만 아니라 화상처리 모듈도 하나로 통합

ADAS가 성립되는데 있어서 중요한 부품이 카메라 장치이다. 카메라를 통해 수집한 화상을 처리하고, 도로 상의 흰 선 위치나 전방차량, 보행자 등의 존재, 그것들과의 위치관계 등 필요한 정보를 추출하는 기술이 없으면 레벨2에 해당하는 자율주행 제어는 물론이고, 근래에 많이 보급되고 있는 자동 긴급제동 장치(AEB)도 많은 부분이 성립되지 않는다고 봐도 무방하다. 이름에서 보듯이 주역을 차지한 것은 카메라(모듈)라고 한 마디로 할 수 있지만, 더 깊이 들어가면 렌즈에서 모은 빛을 전기신호로 변환하는 이미지 센서가 핵심이다. 현재 해상도는 일반적으로 1.3메가 픽셀(130만 화소) 정도에, 프레임 비율은 30FPS(1초당 화소수) 정도이다. 필자가 기억하는 바로는 2020년 말 시점에서 양산차량에 탑재된 것 가운데 가장 높은 해상도를 가진 것은 스바루의 아이사이트 X에 들어간 카메라 모듈로서, 2.3메가 픽셀(이하 MP)이었다. 4K 화질(수평 3,840×수직 2,160·화소 : 대략 8MP에 해당)의 동영상을 60FPS로 촬영 가능한 스마트폰도 흔한 지금으로서는 스펙만을 보면 약간 떨어지는 느낌도 있지만, 거기에는 당연히 이유가 있다. 하나는 차량용이라는 조건의 엄격함이다. 차량용 장치는 마이너스 몇 십도의 저온부터, 경우에 따라서는 실내 안에서도 100℃를 넘는 부분이 생길 수도 있는 폭넓은 온도변화에 견뎌야 할 뿐만 아니라, 주행에 따른 연속적인 진동을 견디면서 안정적으로 작동할 수 있는 성능이 요구된다. 진동은 인슐레이터 등으로 줄인다 하더라도 온도로부터 자유로워지는 것은 결코 쉽지 않다.

당연히 스마트폰 등과 같은 일반적 가전제품에서는 이런 조건이 상정되지 않기 때문에, 거기에 탑재되는 고성능 카메라(이미지 센서)도 그대로 차량용으로 전용하지는 못한다. 차량용으로 사용하려면 차량용 전자부품에 맞는 신뢰성 규격 등을 통과할 필요가 있다.

또 한 가지 이유는 화상처리 모듈로 이용되는 반도체 부품의 성능이다. 이미지 센서의 해상도를 높인다는 뜻은 거기서 출력되는 정보량이 많아진다는 것을 의미한다. 이런 반도체 부품도 마찬가지로 차량용 규격에 적합해야 할뿐만 아니라, 카메라 장치와 함께 전면유리의 실내 쪽으로 장착되기 때문에 허용되는 작동 시 발열이 매우 제한된다. 정보처리 능력에 필요한 힘을 확보하는 일도 쉽지 않은 것이다. 그 때문에 화상처리 모듈에는 다양한 개량이 적용된다. 근래에 들을 기회가 많아진 ASIC나 FPGA 같은 키워드는 그런 개량을 구성하는 한 가지 요소로서, 모두 다 하드웨어 기술언어 툴을 이용해 자유롭게 회로를 조립할 수 있는(써넣을 수 있는) 반도체 부품을 가리킨다. 컴퓨터를 통한 처리라고 하면 시나리오 같은 프로그램을 연상할지도 모르지만, 이것들의 목적은 프로그램을 이용하지 않는 하드웨어 처리이다.

예를 들면 화상의 윤곽추출에서는 윤곽의 가장자리 쪽에서 많이 바뀌는 색채나 밝기의 변화율을 미분처리해서 구하지만, 그것을 회로 상에서 처리하는 것이 가능한 것이다. 이런 하드웨어 처리를 와이어드 로직(결선처리)이라고도 하는데 단순한 처리(계산)를 고속으로 다루기에 적합하다. 반대로 말하면 보통수단으로는 안 되는 수준의 "빠른 속도"를 필요로 하는 것이 화상처리인 것이다. 하지만 이것도 그냥 서두에 불과하고, 그 다음은 몸통이라고 할 수 있는 "인식"이 기다린다. 많은 제약 속에서 이들 요소를 최대한으로 구현하고 있는 것이 차량용 카메라 장치인 것이다.

▽ 각 속도 영역에서 필요로 하는 카메라의 검출영역

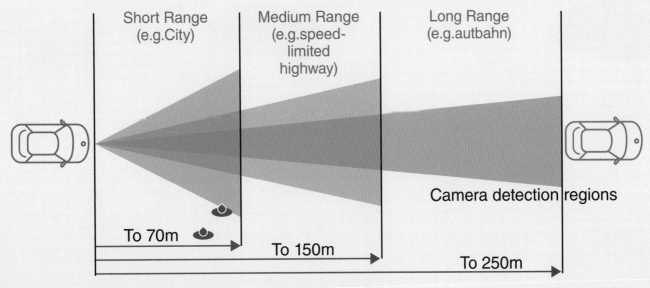

시가지와 고속도로 그리고 속도제한이 없는 독일의 아우토반까지, 각각의 주행환경에서 ADAS에 필요한 카메라 시야각과 거리범위를 나타낸 도표(ZF). 속도가 느리고 보행자나 자전거 등도 존재하는 시가지에서는 넓은 시야각이 요구되며, 속도가 빨라짐에 따라 더 멀리 볼 수 있는 성능이 중요하다. 이들 조건에 대응하는 현재의 최적 솔루션은 복안 카메라이다.

	근거리 (Short Range)	중거리 (Medium Range)	장거리 (Long Range)
시야각	100~180°	40~100°	20~40°

최신사례   **ZF S-cam4.8/Tri-cam**

복수의 센서와 같이 사용함으로써 견고성을 확보

물체 인식을 포함해 차량 주변의 상황을 파악하는데 있어서 아직은 카메라 장치를 대신할 만한 것은 없다.
하지만 카메라가 잘 하는 것은 어디까지나 이미지(영상)에 기초한 정보 취득. 그런데 제어 쪽에 필요한 것은 수치정보이다.

본문 : 다카하시 잇페이 사진 : MFi 수치 : ZF

ZF Sensor Set: Camera

최신세대 단안 카메라 장치. 지금까지보다 고해상도(1.7MP)의 CMOS 이미지 센서를 사용해 단안 카메라로는 처음으로 100°나 되는 시야각(FOV)을 확보.

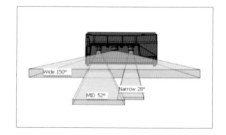

대응거리 범위가 다른 3개의 카메라 모듈을 탑재한 3안식 카메라 장치. 각각이 담당하는 영역에 특성을 집중함으로써 근거리에서는 150°의 시야각을 실현한다.

ZF의 최신세대 카메라 장치 가운데 하나가 3개의 카메라 모듈을 사용하는 「Tri-cam(트라이캠)」이라고 하는 제품이다. 단안이 아니라 복수의 카메라 모듈을 탑재하는 카메라 장치라고 하면, 대표적인 예가 2개의 카메라로부터 얻는 시차효과를 이용해 거리측정 성능을 확보하는 스테레오 카메라를 들 수 있다. 하지만 트라이캠이 지향하는 지점은 더 넓은 시야각과 더 멀리까지 내다볼 수 있는 능력 두 가지 성능을 양립하는 것으로, 거리측정 성능은 기본적으로 레이더나 라이다를 통해 정보를 취득하는 것을 전제로 하고 있다.

대응 거리범위가 다른 3개의 단안 카메라를 묶은 구성의 트라이캠에는 ZF가 단안 카메라에서 이용하는 거리측정 기술도 들어가 있지만, TOF(Time Of Flight : 전파나 빛이 왕복하는 시간을 계측해 거리를 알아낸다) 원리를 이용하는 레이더나 라이다를 같이 사용하는 것이 더 높은 정밀도의 거리측정 정보를 얻을 수 있다. 거기에 원리가 다른 두 가지 센서로부터 얻은 정보를 대조하면 정보 신뢰도가 높아진다. 「충돌을 피하기 위한 브레이크 작동은 상당한 감속을 수반할 뿐만 아니라 탑승객에게도 큰 부담이 주기 때문에 "오작동 브레이크"가 있어서는 안 됩니다. 원리가 다른 복수의 센서를 통해 신뢰를 얻음으로써 "자신을 갖고" 브레이크를 작동시킬 수 있어야 하는 것

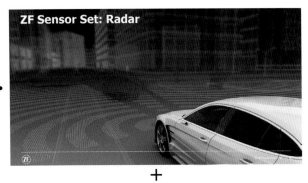

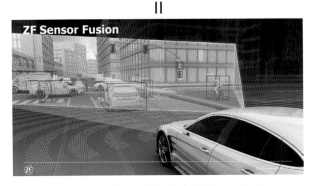

여러 센서에서 들어오는 정보를 융합하는 센서 퓨전 기술

색이나 형상을 통해 시야 내의 물체인식을 특기로 하는 카메라, 형상 인식은 할 수 없지만 물체의 존재와 거기까지의 거리 및 상대속도를 수치로 취득할 수 있는 레이더 그리고 공간좌표 상의 점군(點群)으로 주변 상황을 파악하는 라이다, 이들 정보를 중첩해서 보완함으로써 제 어 컴퓨터의 정밀도가 크게 향상된다.

ADAS에 필요한 모든 센서 준비

ZF에서는 전방 감시용 카메라 유닛 외 밀리미터파 레이더나 LiDAR에 가 세해 드라이버 모니터링용의 인테리어 카메라 등까지 ADAS 용도의 센서 를 풀 레인지로 라인 업. 이들은 동사가 내거는 슬로건 "See·Think·Act" 의 See(보는)에 해당하는 것이지만, 흥미로운 것은 위의 사진(2019년 미 국 CES에서의 전시)에서 중앙 부근에 보이는 "사운드 Ai"라고 불리는 마이 크 유닛의 존재. 음성인식 기술은 향후 센서 정보 보완에도 응용될 것이다.

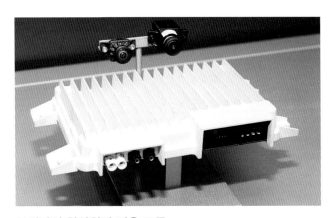

독립방식 화상처리 전용 모듈

카메라 화상으로부터 정보를 추출하는 고도의 처리기술은 현재 전방감시 용 카메라 장치만 가능하지만, 앞으로는 전방위(360°) 카메라에서 이것을 요구하는 수요가 예상된다. 위 사진은 IPM(Image Processing Module) 이라고 하는 화상처리전용 모듈이다. 사이즈 때문에 전방 카메라 안쪽에 배치하기는 어렵지만, 따로 장착하면 최대 12대의 카메라에서 들어오는 화상처리가 가능한 성능과 확장성을 확보할 수 있다.

이죠. 반대로 센서 하나만이 전방 장해물의 존재를 파악하는 경우 등 에서는 브레이크를 약하게 작동시키는 제어도 하고 있습니다」(ZF 이 다 시니어 엔지니어링 매니저). "센서 퓨전"으로 불리는 이 기술은 카 메라 장치부터 레이더, 라이다에 이르기까지 ADAS에 필요한 센서 를 종망라하듯이 한 데 모은 ZF다운 선택이라고 할 수 있다. 그 중에 서도 카메라 장치는 ZF가 가장 주력하는 부분으로, 전자회로 설계부 터 제조까지 기본적으로 거의 모든 것을 자사에서 개발한다. 물론 반 도체 부품은 외부에서 조달하지만, 예를 들면 카메라나 화상처리 모 듈도 모듈 단위의 조달이 아니라 개별부품(discrete parts)을 모아 서 조립한다고 한다.

카메라 모듈의 핵심인 이미지 센서나 화상처리 모듈에 사용하는 이 미지 프로세서(화상처리용 모빌아이 제품 SoC, EyeQ4)는 기성 제 품이 아니라 주문제작한 부품을 채택. 이미지 센서에서 출력되는 화 상신호도 일반적인 RGB와는 약간 다르게 되어 있다. 가전제품 용도 의 이미지 센서 등은 출력된 화상을 보는 것이 인간이라 일반적으로

RGB가 인간의 시각특성에 맞춰져 있다. 이미지 프로세서라고 하는 컴퓨터가 "보는" 용도로는 적합하다고 할 수 없는 것이다.

사실 3개의 카메라 모듈을 조합하는 일도 개량이 필요했다. 차량실 내 쪽에 탑재되는 카메라 징치에는 작동에 따른 열을 최소한으로 낮 출 필요가 있다. 차량실내의 쾌적함에 끼치는 영향도 있지만 그 이상 으로 전면유리 안쪽은 고온이 되기 쉬운데, 거기에 스스로 발열이 더 해지면 반도체가 정상적으로 작동하는 온도범위를 쉽게 초과하기 때 문이다. 그래서 처리해야 할 화상정보가 3배나 되면 처리부하도 올 라가고 발열도 심해진다. 상황에 맞춰서 "주시"해야 할 영역을 시야 에 들어오게 하고, 중요도가 낮은 영역은 (극단적으로 말하면) 일부러 패스시킴으로써 처리부하를 줄이는 식의 알고리즘을 채택하고 있다. 이것은 이미지 센서가 고해상도로 진화하는 과정에서 앞으로도 중 요한 기술로, 1.7MP의 고해상도 이미지 센서를 탑재하는 최신세대 단안 카메라 「S-cam4.8」에도 똑같은 방법이 적용되었다고 한다.

SENSOR 03 **LiDAR**

적외선 레이저 스캐너

[물체 형상과 거리를 정확하게
인식함으로써 주변 상황을 파악]

물체 형상을 인식하는 카메라와 물체까지의 거리나 방향, 상대속도를 검출하는 밀리파 레이더.
이 구성에 추가하려는 것이 라이다(LiDAR, Light Detection And Ranging)이다.

본문 : 사이토 유키 사진 : 아우디 / 발레오 수치 : 만자와 고토미 / ZF

LiDAR
(Light Detection And Ranging)

라이다가 가진, 이미 양산차량에 탑재된 센서에는 없는 특징 가운
데 하나가 높이 몇cm의 물체까지 감지할 수 있는 뛰어난 분해능
이다. 또 자차의 현재위치를 고정밀도 지도와 대조해서 확인하는
SLAM(Simultaneous Localization And Mapping) 기능에 있어서
도 중요한 역할을 맡고 있는 센서이다.

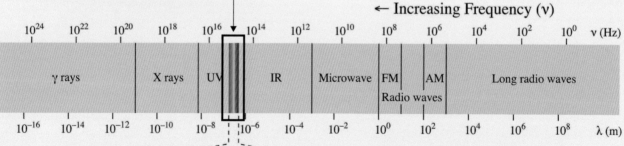

← Increasing Frequency (ν)

Increasing Wavelength (λ) →

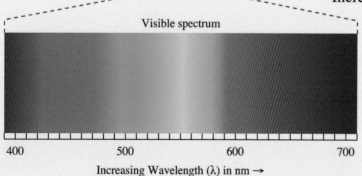

Visible spectrum

어떤 대역을 이용할 것인가

레이더 장치들이 전파를 이용하는데 반해 라이다
는 이름 그대로 레이저(laser)를 쏜다. 그림 속에
서는 가시광선을 포함한 대역의 전자파에 해당한
다. 매우 뛰어난 직진성 때문에 먼 곳까지 도달하
는 것이 특징이다. 인체에 대한 영향을 낮추기 위
해서 적외선 영역의 900nm 근방의 파장을 이용
하는 경우가 많다.

레이더와 카메라의 장점을 합쳤지만 비싸다는 것이 고민

라이다가 「3D 스캐너」, 「레이저 스캐너」 등으로 불리는 것은 자차 주변을 판독하듯이 작동하기 때문이다. 빙글빙글 도는 타입 같은 경우는 헤드 유닛 내부에 적외선 레이저가 세로로 배치되어 있어서 위에서 아래까지 방사상으로 레이저 빛을 쏠 수 있게 되어 있다. 헤드 유닛이 수평대향으로 360° 회전하면서 세로로 배치된 적외선 레이저가 주위를 구석구석 스캔한다. DARPA 어번 챌린지에서 채택된 라이다는 세로로 64개의 적외선 레이저가 배치되어 1초 동안에 최대 15회 주위를 스캔할 수 있다.

이를 통해 얻는 것은 주위를 점들(點群)로 표시함으로써 마치 입체적으로 그린 것 같은 3D 데이터이다. 라이다 성능에 따라서 다르기는 하지만 자동차, 가드 레일이나 전신주 등과 같은 도로 구조물, 건물, 노면의 흰 선까지 인간의 눈으로 식별할 수 있을 정도의 3D 데이터를 얻는 것도 가능하다. 이런 종류의 특징이 「3D 스캔」의 유래일 것이다. 자차의 전후좌우에 무엇이 있는지, 그것이 어떻게 움직이는지를 인식할 수 있을 뿐만 아니라, 취득한 3D 데이터의 특징점과 고정밀도 지도의 특징점을 대조함으로써

자차가 어디에 있는지를 추정하는 SLAM도 가능하다. 다만 카메라나 밀리파 레이더에는 없는 특수한 기능을 갖고 있지만, 적외선인 이상은 비나 눈 등의 날씨 영향을 쉽게 받을 수밖에 없다. 사막을 달리기만 하는 DARPA 그랜드 챌린지에서는 모래 영향을 받는다는 점을 전제로, 라이다 외에 다른 감지방식 센서가 같이 사용되었다.

라이다가 물체를 감지하는 구조는 소형차의 ADAS용으로 널리 채택된 적외선 레이저 레이더와 동일하다. 물체에 부딪쳐 반사되어 돌아오는 적외선 레이저를 수광할 때까지의 시간을 측정하는 TOF방식으로 물체까지의 거리를 계측한다. 라이다와 레이저 레이더가 다른 점은 적외선 레이저의 발신부분과 반사된 적외선 레이저 수광부분의 배치구조이다. 기존의 ADAS용 레이저 레이더는 발신부와 수광부가 동일 축 상에 배치되었기 때문에 "뭔가에 부딪쳐 반사되어 왔다"는 것밖에 알 수 없었다.

라이다를 양산차량에 적용하는데 있어서의 장벽은 가격과 성능의 균형 그리고 외관적인 문제이다. 구글(Google) 카에서 봤던 빙글빙글 도는 타입은 1대로 주변 360°를

정밀하게 스캔할 수 있다는 압도적 강점이 있지만, 차량 디자인을 너무 손상시킬 뿐만 아니라, 헤드 유닛을 기계적으로 회전시켜서 스캔하는 방식이기 때문에 내구성 확보나 소형화도 어렵다.

그래서 각 서플라이어마다 모터 등의 기계적 구성없이 적외선 레이저를 조사하는 「솔리드스테이트 타입」의 라이다 개발에 주력하고 있다. MEMS(Micro Electro Mechanical Systems, 미세 전기기계 시스템) 기술을 사용한 미러를 통해 적외선 레이저를 여러 방향으로 반사시키는 방식이나, 플래시처럼 적외선을 쏘는 방식 등이 개발되고 있다. 어떤 식이든 수평시야각 360°에, 멀리까지는 가지 않기 때문에 여러 개의 라이다로 주변을 스캔할 필요가 있다. 다만 엄한 제약 속에서 차량 주변의 풍경까지 알 수 있을 정도로 정밀한 3D 스캔을 얻는다는 것이 결코 간단한 일은 아니다. SLAM 등과 같이 다른 센서는 할 수 없는 기능을 실현하지 않으면, 그저 거리측정 센서 가운데 하나에 지나지 않아 카메라나 밀리파 레이더의 백업이라는 소극적 역할에 머무를지도 모른다.

▽ 시야각과 거리 센싱 사례

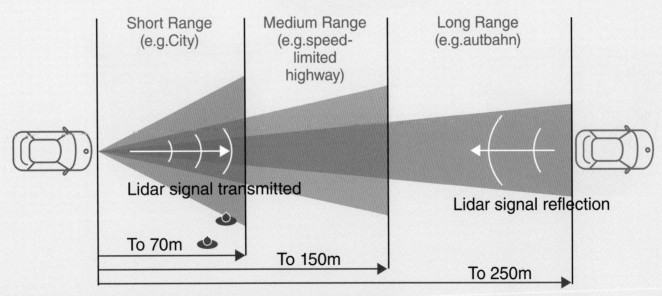

Short Range
(e.g.City)

Medium Range
(e.g.speed-limited highway)

Long Range
(e.g.autbahn)

Lidar signal transmitted

Lidar signal reflection

To 70m

To 150m

To 250m

라이다는 얼마나 넓은 범위로 레이저를 쏠 수 있느냐(發振)로 성능을 판단한다. 기계회전 방식 같으면 360°로 쏠 수는 있지만 비싸고 크다는 문제가 있다. 한편 고정방식은 작고 가벼운 데다가 싸다는 장점까지 있지만, 범위가 매우 좁아서 여러 개를 탑재해야 하는 것이 문제이다. 현재 많은 메이커나 스타트 업이 라이다 제품 개발에 박차를 가하면서 다양한 방법들이 시도되고 있다.

	근거리 (Short Range)	중거리 (Medium Range)	장거리 (Long Range)
시야각	60~150°	20~60°	10~30°

최신사례 **라이다의 최신 동향**

다양한 방식으로 소형·저렴화와 고기능화를 양립시키는 중

자율주행을 목표로 해서 고정밀도의 거리측정과 물체인식을 한 대로 실현하는 장치로 기대 받고 있는 라이다.
그 역사와 여러 서플라이어의 유닛 특징을 살펴보겠다.

본문 : 사이토 유키 사진 : 발레오 / 벨로다인 / 파이오니아 / 제노마티엑스 / 쿼너지 / 콘티넨탈

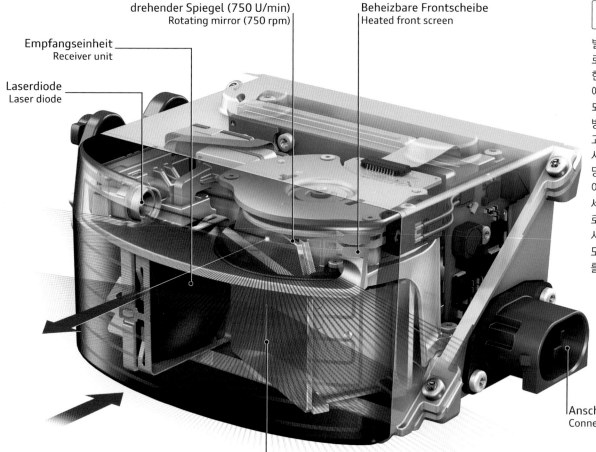

Empfangseinheit
Receiver unit

Laserdiode
Laser diode

drehender Spiegel (750 U/min)
Rotating mirror (750 rpm)

Beheizbare Frontscheibe
Heated front screen

Anschluss an FlexRay Bus
Connector to FlexRay bus

발레오 스칼라

발레오 스칼라는 자동차용으로 양산차량에 적용된 유일한 라이다이다. 2017년 11월에 등장한 아우디 A8에 탑재되었다. 방식으로는 기계회전 방식에 해당하지만, 발광부는 고정으로 하고 가동 미러로 조사범위를 넓히는 구조로서 상당한 소형경량화를 실현했다. 이 페이지의 일러스트는 제1세대 것으로, 현재는 제2세대로 넘어가고 있다. 제2세대에서는 수직방향 시야각을 3.2도에서 10°로 넓혀 감지범위를 확대했다.

Öffnungwinkel 145°
Scan angle 145°

← 덮개만 없는 실물 모습. 상부의 슬릿으로부터 회전 미러에 의해 레이저가 나온다. 그 아래 수광부에서는 반사를 포착한다. 스캔 앵글은 전방 145°.

← 위에버 바라본 모습. 미러를 가동하는 부위가 눈에 두드러진다. 케이스는 알루미늄합금 제품으로 발열을 낮추는 설계이다. 크기는 60×108×103mm, 무게는 610g.

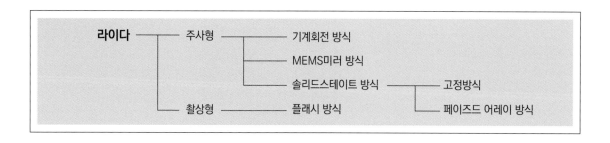

라이다 ─┬─ 주사형 ─┬─ 기계회전 방식
　　　　│　　　　├─ MEMS미러 방식
　　　　│　　　　└─ 솔리드스테이트 방식 ─┬─ 고정방식
　　　　└─ 촬상형 ──── 플래시 방식　　　　　└─ 페이즈드 어레이 방식

기계회전 방식 사례
【 벨로다인 】

라이다라고 하면 누구나 떠올리는 것이 차량 지붕에 장착되어 빙글빙글 도는 기계회전 방식이다. 그런 대표적인 것이 벨로다인사 제품이다. 아래 그림에서 보듯이 360°로 주변을 인지할 수 있다는 점이 강점이다. 거리뿐만 아니라 물체의 형상까지 자세히 파악된다. 성능이 뛰어난 만큼 가격이 비싸다는 단점이 있지만, 근래에는 가격을 낮춘 제품도 등장하고 있다.

↑ 벨로다인사의 최신제품인 알파팩. 수평 360°, 수직 40°, 최장 300m까지 감지가 가능. 레이저 소자수가 1280이나 될 만큼 최상위 모델이지만 기존 최상위 모델(HDL-64e)보다 낮은 가격으로 설계했다.

MEMS 미러 방식 사례
【 파이오니아 】

기계회전 방식과 비교해 모터 회전부를 없앰으로써 소형경량에 내구성을 강화했다. 시야각은 MEMS를 이용하는 전자식의 소형 미러 부분에서 확보하는 구조. 거리 별로 3종류가 있다.

솔리드스테이트 방식 사례
【 제노마티엑스 】

진짜 솔리드스테이트 타입이라고 메이커 스스로가 자랑하듯이, 가동부가 전혀 없다. 멀티 빔을 통해 고분해능을 실현한다. 상당히 작고 가볍지만, 광범위한 측정을 할 때는 여러 대를 설치해야 한다.

페이즈드 어레이 방식 사례
【 쿼너지 】

페이즈드 어레이(phased array)란 복수의 소자로부터 나오는 전자파를 공간상에서 합성해 지향성을 얻는 구조. 레이더에서는 실용화되었지만 레이저에서도 동일방식을 실험하고 있다.

플래시 방식 사례
【 콘티넨탈 】

탐색파를 확산시켜서 쏜 다음, 반사되어 온 빛을 이미지 센서에서 촬상하는 구조. 이 제품도 가동부가 없는 간소한 구조이지만, 밝은 환경에서는 출력이 필요하다. 스캔속도가 빠르다는 특징이 있다.

라이다(LiDAR)가 자동차에서 처음 활약했던 것은 ADAS(Advanced Driving Assistance System)가 아니라 무인운전 자동차였다. 미국 국방성이 관할하는 DARPA(국방고등연구 사무국)가 2004년과 2005년, 2007년에 개최한 로봇카 레이스가 그 무대였다. 원격으로 조종하지 않고 운전자도 탑승하지 않는 완전한 무인운전 자동차를 참가팀이 제작해서는, 200km 이상 되는 사막 코스를 제한시간 내에 주파하는 레이스이다(DARPA 그랜드 챌린지). 그 뒤 유인운전 차량까지 여러 대 주행하는 시뮬레이션 풍의 시가지에서 교통법규를 지키면서 100km 가까운 코스를 6시간 내에 주파하는 레이스도 열렸다(DARPA 어반 챌린지). 이들 레이스에서 각 팀이 사용했던 라이다가 구글 카 등에서 볼 수 있었던 차량 지붕에서 빙글빙글 돌던 타입이다. DARPA의 로봇카 레이스에서 활약했던 참가자들 가운데는 그 후의 구글 자율주행 자동차 프로젝트에도 참여하게 되면서 라이다는 자율주행 기술의 핵심 장치로서 그대로 계승되었다.

다만 DARPA의 로봇카 레이스를 위해서 개발된 라이다는 참가차량이나 훗날의 구글 카가 양산을 전제로 하지 않았기 때문에, 어디까지나 소량만 생산했다는 점과 분해능 등의 성능도 높아서 고가의 대형 부품이었디. 또 DARPA는 우승했을 때 200만 달러(약 24억 원)의 상금이 있었고, 대학 단독이 아니라 기업도 팀으로 참가했다. 구글은 자율주행 프로젝트에 6년 동안 11억 달러(약 1,320억 원)을 투입한 것으로 알려져 있다. 라이다는 가격 제약이 큰 양산차량의 ADAS와는 전혀 다른 조건에서 사용되기 시작한 센서였던 것이다.

한편 2020년 말 시점에서 자동차용으로 양산된 제품으로는 발레오의 스칼라(SCALA)뿐인 상황이다. 수많은 회사가 라이다의 제품화를 시도하고 있지만, 진동이나 내구성 같이 자동차에 탑재할 수 있는 요건을 충족하기까지는 지난한 기술이라 종합적인 실력이 필요하다. 거기에 앞서도 언급했듯이 가격도 매우 중요한 요건이다.

추가로 장착하는 단안 카메라

[기능을 간추려서 최대한 저가로 제공]

추가로 장착하는 ADAS인 모빌아이 제품은 장착 대상차량을 가리지 않는다.
표준설정 ADAS가 없는 모델로서는 강력한 아군이다.

본문 : 마키노 시게오 사진 : 모빌아이

양면테이프로 고정

카메라를 내장한 메인 장치는 양면 접착테이프로 전면유리 안쪽에 부착한 다음, 카메라 광축을 지정한대로 설정하면 된다. 룸 미러 앞쪽으로 장착하면 기기 존재에 대한 위화감이 전혀 없다.

모빌아이 530

한 세대 전 모델인 모빌아이 530(Mobileye 530). 표시 화면 외에 현행 570과 외관상으로는 거의 차이가 없다. 메인 장치와 표시 화면 크기 관계는 이 사진대로이다. 운전자가 보기 쉬운 위치에 장착하는 표시 화면은 작게 만들어져 있다. 이 두 가지 외에 하드웨어(보이지 않는 곳에 배치) 장치인 티박스가 있다.

ADAS의 발전은 눈부시다. 기능은 점점 늘어가고 있고, 그와 동시에 하나하나의 기능은 깊어지고 있다. 가격도 점점 하락 추세이다. 하지만 정말로 필요한 최소한의 기능은 무엇일까 하고 생각해 보면, 제일 먼저 떠오르는 것은 「경보(alarm)」이다. 앞에서 달리는 차와의 차간거리 정보를 바탕으로 한 접근경보, 보행자나 자전거의 갑작스러운 출현을 알려주는 경보, 차선이탈 경

보 등등을 말한다. 운전자 주의가 산만해졌거나 도로환경이 나빠졌을 때 이런 몇 종류의 경고·경보가 있으면 사고에 이르는 위험성을 상당히 줄일 수 있을 것이다.

이스라엘에 본사를 두고 있는 모빌아이(Mobileye)는 2007년부터 단안 카메라를 사용한 추가 장착용 차량경보 장치를 판매하고 있다. ADAS 관련 애프터마켓용 제품으로는 가장 오래된 역사를 갖는다. 모빌아

이는 자동차 메이커에 SOC(System On Chip, 1칩 내에 프로세서 코어 등을 집적한 제품)를 공급하는 한편으로, ADAS기능 설정이 없는 승용차나 버스, 트럭용으로 이 칩과 카메라, 경보 디스플레이를 세트로 하는 제품을 세계 각국에서 판매한다. 일본에서는 저팬21이 판매하고 있다.

현재의 주력제품은 모빌아이 「5시리즈」 가운데 「Mobileys 570」이다. 전면유리에

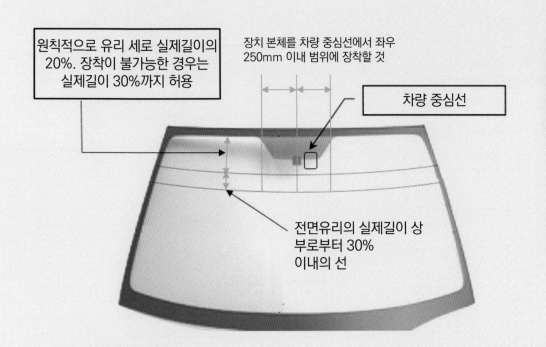

원칙적으로 유리 세로 실제길이의 20%. 장착이 불가능한 경우는 실제길이 30%까지 허용

장치 본체를 차량 중심선에서 좌우 250mm 이내 범위에 장착할 것

차량 중심선

전면유리의 실제길이 상부로부터 30% 이내의 선

EyeQ4 칩

이 사진은 최신 EyeQ4 칩 모습이다. 크기는 Q2~Q4는 거의 차이가 없지만 내용구성은 전혀 다르다. 일본 자동차메이커 가운데도 이 칩을 사용하는 곳이 있다.

승인받은 장착방법으로

↑↓일본의 국토교통성이 인가한 모빌아이 제품(추가 장착 ADAS 유닛)의 장착위치. 차종에 따라서는 전면유리의 경사각도가 큰 영향을 주지만, 이 지정영역 내에 장착하면 운전자 시야를 방해하지 않는다. 대형트럭이나 대형버스 같은 경우는 전면유리 하단 가까운 위치에 장착하는데, 그 경우의 장착위치도 국토교통성 허가를 받은 상태이다. 또 아래의 버스 일러스트는 카메라의 수직 화상각도와 직각을 나타낸 것이다. 거리L의 위치에 보행자가 있는 경우는 감지할 수 있다.

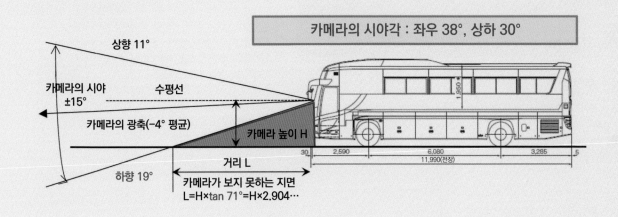

카메라의 시야각 : 좌우 38°, 상하 30°

상향 11°

카메라의 시야 ±15°   수평선

카메라의 광축(-4° 평균)

카메라 높이 H

하향 19°

거리 L

카메라가 보지 못하는 지면
L=H×tan 71°=H×2.904…

차량인식 방법

화소수가 적은 촬상소자를 사용하지만 독자 알고리즘을 통한 물체인식 능력이 뛰어나다. 사진처럼 차량을 직사각형 물체로 인식한다. 버스 같이 높이가 있는 차량은 정사각형으로 인식한다. 또 차량인지, 차량 이외의 장해물인지는 직사각형·사각형 아래쪽 좌우에 타이어가 있는지 아닌지로 판단한다. 앞쪽에 있는 차량이 앞서가는 차량인지, 맞은편 차량인지에 대한 판단은 적색 테일 램프·브레이크 램프로 판단한다.

카메라는 무엇을 보고 있을까

　Mobileye 570의 카메라가 본 모습. 화면 좌우의 청색 원내 숫자는 자차 중심선(카메라 광축 위치)에서 차선까지의 거리(단위는 m), 녹색 원내 숫자는 진행방향 도로의 곡률 반경(단위는 m). 3,750m는 매우 완만한 커브이다. 차량 아래 숫자는 자차와의 거리. 단안 카메라라도 화상해석 알고리즘을 개량하면 이 정도까지는 인식할 수 있다.

수평선

카메라 지상고에 따라 보이는 것이 달라진다.

왼쪽과 같은 화상 위에다가 수평선을 겹쳐 놓은 것. 카메라 각도를 광축 마이너스 4도로 세팅했을 경우에 이런 정확한 화상해석이 가능하다. 전방차량·맞은편 차량과의 거리는 앞쪽이 오르막길인 경우까지 포함해서 화소 데이터와 수평선을 기준으로 계산된다. 승용차 같은 경우는 지면과 상공의 비율이 5대 5이다. 수평선에 가까운 물체는 「먼 곳에 있다」고 인식된다.

승용차는 횡으로 넓은 직사각형으로 인식된다. 직사각형 물체 아래로 좌우 타이어를 확인할 수 있으면 「차량」으로 인식된다.

이륜차는 세로길이의 물체로 카메라가 포착하고, 테일 램프의 적색을 감지하면 차량으로 간주한다. 숫자는 차간거리.

사각형에서 타이어를 감지할 수 있으면 이런 복잡한 형상도 차량으로 인식할 수 있다. 좌우의 붉은 테일 램프가 결정적 증거이다.

카메라의 화상 각도 내에 들어오는 보행자는 일출부터 일몰까지의 낮 동안에는 인식이 가능하다. 화면 좌측 끝의 수치 (0.75)는 자차 중심에서 차선까지의 거리.

이 정도의 원거리라도 「차량」으로 판별할 수 있다. 촬상소자 상에서는 수 십 도트이다.

차량 앞을 횡단하는 보행자도 인식할 수 있지만, 차속 7km/h 이하인 경우에는 경보는 울리지 않는다.

선명하게 테일 램프와 직사각형, 좌우 타이어를 인식할 수 있기 때문에, 이처럼 보행자와 겹쳐 있어도 차량으로 인식된다.

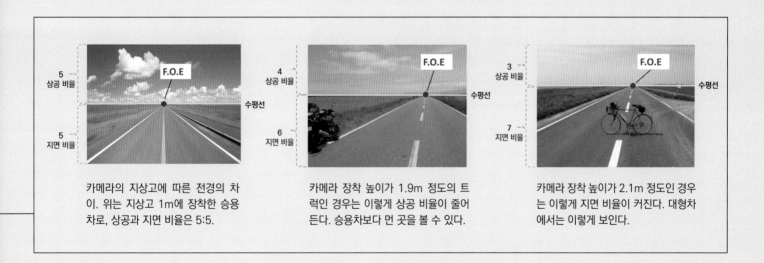

카메라의 지상고에 따른 전경의 차이. 위는 지상고 1m에 장착한 승용차로, 상공과 지면 비율은 5:5.

카메라 장착 높이가 1.9m 정도의 트럭인 경우는 이렇게 상공 비율이 줄어든다. 승용차보다 먼 곳을 볼 수 있다.

카메라 장착 높이가 2.1m 정도인 경우는 이렇게 지면 비율이 커진다. 대형차에서는 이렇게 보인다.

부착하는 메인장치(카메라 장치), 운전석에 설치하는 표시장치(아이워치), CAN이 없는 차량에는 CAN에 접속해 차량정보를 받기 위한 E박스(CAN/아날로그 변환기)로 구성되며, 차량 개조 없이 장착이 가능하다. 카메라는 흑백 단안이고 레이더는 없다.

「이걸로 도움이 될까?」라는 생각이 들 만큼 최소한의 시스템이다.

차량과는 CAN 또는 E박스로 접속한다. 차량속도, 브레이크 작동, 하이 빔, 좌우 방향지시등, 와이퍼의 각 신호와 전원을 받는다. 다른 신호는 필요 없다. 그 다음은 메인장치와 표시장치를 E박스와 접속만 하면 된다.

메인장치 장착은 국토교통부령인 「도로운송 차량의 보안기준」에 맞게 하면 된다. 국토교통부령 보안기준은 전면유리에 「부착할 수 있는 것」을 차량검사증 스티커 등으로 한정하고 있지만, 모빌아이의 요청을 받아들여 국토교통성은 양면 접착테이프를 사용해 전면유리의 지정 위치 내에 부착하는 것을 승인했다. 승용차 같은 경우는 전면유리 개구부 실제길이(차량중심선 상에서의 유리 하단에서 상단까지의 길이)의 상단 테두리로부터 30% 이내에 들어가도록 하는 것이 조건이다. 이것은 운전자 시야를 거의 방해하지 않는 위치이다. 버스나 트럭 같은 경우는 전면유리 개구부 실제길이(實長)의 하단 테두리로부터 높이 300mm 이내에 들어가는 것이 부착조건이다. 또 어떤 차량에 부착하든지 간에 카메라 렌즈 화상각도 내의 전면 유리는 와이퍼 작동 범위 내에 들어와야 한다.

메인장치부터 E박스까지의 배선은 하이패스 장치처럼 전면유리의 테두리를 따라서 A필러 안으로 지나가는 방법을 통해 운전자 시야에 들어오지 않도록 되어 있다. 앞 페이지 사진이 승용차에 부착한 상태로, 흔히 보는 자동차 메이커의 공장에서 장착되어 나온 장치와 별로 차이가 없다. 부착에 사용되는 양면 접착테이프는 유리전용 모빌아이 지정의 테이프로, 기후 내구성이 보장되어 있다.

카메라 시야각은 좌우 38도, 상하 30°. 35mm 필름 시대의 사진렌즈(현재의 35mm 풀 사이즈 디지털 촬상소자)에 비유하자면 초점거리 65mm 정도이다. 초점거리 50mm인 표준렌즈는 하상각도가 46°이기 때문에 그보다는 좁다. 인간이 보통 생활에서 무의식적으로 사용하는 시야각이 좌우 45° 정도, 뭔가를 쳐다볼 때(주시할 때)의 화상각도가 좌우 25° 정도로 알려져 있다. 모빌아이 카메라는 그 중간 정도로, 약간 먼 쪽을 보는데 적합하다. 실제로 전방은 80~100m

를 본다.

상하 화상각도는 전방의 신호기나 도로표지를 본다는 목적에서는 30°면 충분하다고 할 수 있다. 실제 부착에서는 카메라 광축이 수평을 기준으로 마이너스 4°의 「약간 하향」이 되게 조정된다. 메인장치 내 카메라는 많은 차종에 대응하기 때문에 렌즈를 다는 통(鏡胴) 부분이 상하로 움직이는 구조여서, 부착할 때 정확하게 하려면 세팅 도구(setup wizard)를 사용해 마이너스 4°를 만들어준다. 그 상태에서 광축의 위쪽이 화상각도 11°가 되도록 부착하면 되는 것이다.

당연히 차량 바로 앞으로는 카메라가 물체를 인식하지 못하는 사각지대가 생긴다. 사각은 카메라를 장착하는 지상고(地上高)에 의해서도 달라진다. 승용차 같은 경우는 광축 마이너스 4°로 장착한 카메라의 상하 화상각도 하단이, 보닛 끝부분을 넘어 전방 도로에 도달하기까지 상응하는 거리가 있기 때문에 보닛 끝부분의 아래쪽은 사각이 된다.

이 사각은 전면유리 내에 카메라를 설치하는 방식의 숙명과도 같다. 만약 차량 앞부분의 프런트 그릴 내에 카메라를 설치하는 경우는 렌즈 앞쪽에 보호 커버가 필요할 뿐만 아니라, 렌즈 시야를 깨끗하게 유지하려면 와이퍼에 준하는 렌즈 청소 장치 같은 것이 필요하다. 가벼운 충돌 시 카메라 보호까지 감안해 보면 전면유리 쪽에 카메라를 설치하는 것이 장점이 더 있다고 할 수 있다.

현행제품인 「Mobileye 570」은 모빌아이의 추가 장착 ADAS제품으로는 3세대에 해당한다. 초대 「C2-270」은 2007년에 등장한 이후 일본에서는 2011년부터 판매되었다. 2세대 「C2-530」은 초대 모델을 개량한 것이고, 현행 「Mobileye 570」은 소프

트웨어가 더 개량되었다. 카메라 화소수는 공표되지 않았지만, 초대 270은 VGA 수준(640×480픽셀)이라고 들었다. 현재는 40만 화소보다는 크다고 생각하지만 화소는 크게 욕심부리지 않는 것 같다.

이론상으로는 VGA에서 100m 전방의 승용차 크기 물체를 보면 약 13비트로 나타난다. 도로에 그려진 차선은 2비트이다. 보행자는 감지할 수 있는 거리(적당히 먼 곳)에서는 12비트 정도이다. 이 정도의 비트수로 차량이나 보행자를 인식할 수 있을까 하는 의문이 들기도 하지만, 정지화면에서의 비트수가 아니라 「계속해서 움직이는」 비트수를 감시하는 것이기 때문에 충분히 인식할 수 있다고 한다.

차량을 인식하는 경우는 전체를 직사각형 또는 정사각형 물체로 감지하는 동시에, 거기서 아래쪽으로 돌출된 2개의 타이어와 테일(브레이크) 램프 같은 식으로 분할해서 식별한다. 촬상소자는 흑백(모노크롬)이지만 총화소의 4분의 1정도는 적색을 인식할 수 있는 소자여서, 여기서 테일 램프의 적색을 인식하면 전방차량이 되고 적색이 아닌 휘점(輝點, 헤드라이트)이 감지되었을 경우는 맞은편 차량이라는 식으로 크게 구별한다.

내장된 화상처리 칩은 Eye Q2라고 하는 버전으로, 추가로 장착하는 장치이기 때문에 펌웨어를 만들어 넣은 사양이다. 자동차 메이커용으로는 Eye Q2·Q3·Q4 식의 버전을 제공한다. 프로그램 볼륨으로 보면 Eye Q3는 Q2의 약 100배, Eye Q4는 Q3의 약 100배이다. Q2는 Q4에 비해 1만분의 1 프로그램 볼륨밖에 되지 않는 것이다. 단 프로그램이 심플하기 때문에 간단하고 확실하게 정리하는 장점도 크다.

당연히 작업할 수 있는 양은 Q4 칩이 가

장 많고 Q2 칩이 작업할 수 있는 것이 적지만, 자동차 메이커별 또 차종별 프로그램이 따로 있지는 않고 추가 장착 기기에 특화된 최소한의 기능만 담고 있다. 「기능을 욕심내지 않고 하나하나의 기능을 꼼꼼히 다듬었습니다. 어떤 자동차에 추가로 장착해도 사용하기가 쉽도록 배려한 것이죠」라고 한다.

할 수 있는 일은 경고·경보로 표시된다.

먼저 전방충돌 경고(FCW, Forward Collision Warning)는 먼 곳의 차량 또는 이륜차 뒤쪽에 자차가 추돌할 것 같은 경우에 추돌소요 시간(TTC, Time To Collision)에서 최대 2.7초 전에 경고를 보낸다. TTC는 카메라 화상처리를 통해 상대속도를 계산한 다음 시간을 산출한다. 경보는 「삐~삐~삐~」하고 날카롭고 귀에 거슬리는 연속적 경보음이 난다. 동시에 아이워치(표시장치) 속 아이콘이 녹색에서 적색으로 바뀐다. 저속주행 시 및 정차 시 전방충돌 경보(UFCW)에서는 경보음이 「삣삣삣삣」하고 짧은 소리가 난다. 저속일 때는 차량 앞에 버추얼(가상) 범퍼를 설정해, 예를 들면 AT의 크립(creep, 오토매틱 차가 아이들링에서 천천히 움직이는 현상)현상으로 인해 자차가 점점 앞으로 나가는 경우에도 버추얼 범퍼가 전방의 자동차에 닿으면 경보가 울린다.

차간거리 경고(HMW)는 모빌아이의 추가 장착 ADAS 제품 가운데서도 가장 특징적인 기능이다. 자차 속도 30km/ 이상에서 작동하면서 전방 차량과의 차간거리를 감시한다. 일본에서는 차간거리를 미터로 말하는 경우가 많지만, 유럽이나 미국에서는 시간에서 거리가 아니라 시간으로 인식한다. 근래에는 「2.5초가 안전한 차간거리」로 알려져 있다. 차속 100km/h에서 차간거리 100m인 경우, 차량은 매초 약 27.78m를 달린다. 차간거리 2.5초는 69.45m이다.

차간거리 경보를 받는 타이밍은 장착할 때 미리 설정한다. 설정한 차간 초 타임(예 : 1초)까지는 표시장치 내의 자동차 아이콘과 초 타임 표시가 녹색이지만, 설정한 초 타임을 넘으면 표시가 적색으로 바뀌면서 「빙」하는 단음 경보가 울린다. 반복하는 기능도 있어서, 차간 초 타임이 설정한 값(예 : 0.6초)보다 떨어지면 연속으로 경보가 울린다. 보행자에 대응하는 경보인 보행자추돌 경고(PCW, Pedestrian Collision Warning)는 카메라가 보행자를 인식하기 쉬운 주간에만 기능한다. 시속 약 1~50km/h 달리는 중에 카메라가 보행자를 인식하면 표시 장치에 녹색의 보행자 아이콘이 표시된다. 보행자와 자차의 진로 상에서 충돌 위험이 있을 경우는, 자차 속도 7km/h 이상에서 「삐~~삐~~」하고 약간 긴 경보음이 울리면서 보행자 아이콘이 적색으로 바뀐다.

차선이탈 경고인 LDW(Lane Departure Warning)는 속도 55km/h 이상에서 카메라가 차선을 인식하는 조건에서 작동한다. 깜빡이 조작 없이 주행차선에서 자차가 벗어나면 「뜨르르르르」하는 빠른 주기의 경보가 울리고, 표시장치에 차선 아이콘이 표시된다. LDW 감도는 메뉴에서 변경이 가능하다.

또 하나, 제한속도 도로표지에 있는 숫자를 카메라가 해독함으로써 제한속도 인디케이터(SLI)가 작동한다. 이것은 경보음이 아니라 「현재의 제한속도」「설정에서 속도초과 시 점멸」을 표시장치에 표시하도록 해주는 기능이다.

이상과 같은 기능이 「Mobileye 570」에 들어 있다. 표준가격 160만원에, 장착비용은 승용차가 35만원~부터, 중대형 차량이 45만원부터(전부 세금별도)에 3년 동안 보증이 된다. 장착은 모빌아이의 일본 대리점인 저팬21이 인정한 샵에서 가능하며, 승용차 같은 경우는 3~4시간이면 장착할 수 있다.

실제로 차량을 운전해 보니까 경보 타이밍과 경보음이 「딱 적당한 느낌」에서 울리기 때문에 추가 장착이라는 일말의 불안감도 없었다. 운전조작에 개입하는 것이 아니라 대형사고로 이어지는 상황을 줄여준다. 국토교통성의 추가 장착 성능인정도 받았기 때문에 버스 사업자와 운송사업자 사용자가 많다는 사실이 충분히 이해가 간다.

예방안전 장비의 성능향상 상태

유럽·일본NCAP 평가로 보는
최신 모델의 성능과 시스템 구성

전방의 장해물을 감지해 정지까지 하는 충돌피해경감 브레이크가 일본 자동차에 처음 채택된 것은 불과 10년 전 일이다.
하지만 지금은 경자동차도 예방안전 성능평가에서 더 좋은 성적을 거둘 만큼 모든 차종에 보급되고 있다.

본문 : 야마모토 신야 / MFi 사진 : 토요타 / 렉서스 / 닛산 / 혼다 / 스바루 / 스즈키 / 다이하쓰 / 다임러 / 아우디 / BMW / 폭스바겐 / 포드

야간에 보행자나 자전거도 감지하는 능력을 획득

보급 과도기 때는 대상이 차량뿐이었고, 약 30km/h 이하의 저속에서만 작동했던 것도 많았던 충돌피해경감 브레이크. 하지만 현재는 작동속도 범위의 확대뿐만 아니라 야간일 때 보행자나 자전거까지 감지하는 타입이 주류이다. 이런 흐름은 경자동차에서도 마찬가지여서 예방안전 평가지수 결과로도 나타나고 있다.

차종	결과	득점 [만점 141.0점]	자동 긴급제동 장치				차선이탈제어 [만점16점]	후방시야 정보 [만점6점]	고기능 전조등 [만점5점]	페달을 잘못 밟았을 때의 가속억제 [만점2점]
			차량 대비 [만점32점]	보행자 대비(낮) [만점40점]	보행자대비 (야간:가로등 있음) [만점40점]	보행자대비 (야간:가로등 없음) [만점15점]				
토요타 알파드	ASV+++	141.0	32.0	25.0	40.0	15.0	16.0	6.0	5.0	2.0
닛산 세레나	ASV+++	141.0	32.0	25.0	40.0	15.0	16.0	6.0	5.0	2.0
렉서스 NX	ASV+++	141.0	32.0	25.0	40.0	15.0	16.0	6.0	5.0	2.0
렉서스 UX	ASV+++	141.0	32.0	25.0	40.0	15.0	16.0	6.0	5.0	2.0
렉서스 ES	ASV+++	140.2	32.0	24.2	40.0	15.0	16.0	6.0	5.0	2.0
벤츠C클래스	ASV+++	139.8	32.0	24.8	40.0	15.0	16.0	6.0	5.0	1.0
토요타 RAV4	ASV+++	137.0	32.0	25.0	39.6	15.0	16.0	6.0	1.4	2.0
닛산 데이즈	ASV+++	132.0	32.0	25.0	35.2	14.4	16.0	6.0	1.4	2.0
혼다 어코드	ASV+++	132.0	32.0	24.6	40.0	10.8	16.0	6.0	1.4	1.2
스바루 포레스타	ASV+++	131.4	32.0	23.5	37.8	9.1	16.0	6.0	5.0	2.0
혼다 N박스	ASV+++	129.2	32.0	22.6	39.5	10.5	16.0	6.0	1.4	1.2
혼다 N왜건	ASV+++	123.7	32.0	24.1	36.9	6.1	16.0	6.0	1.4	1.2
폭스바겐 폴로	ASV+++	110.5	32.0	20.6	37.0	14.3	–	6.0	–	0.6
다이하쓰 록키	ASV++	73.6	31.7	12.9	–	–	16.0	6.0	5.0	2.0
다이하쓰 탄트	ASV++	72.0	31.6	11.4	–	–	16.0	6.0	5.0	2.0
MINI 3도어/5도어	ASV+	28.8	17.9	4.9	–	–	–	6.0	–	–

JNCAP에 의한 예방안전성능 평가 결과

이 표는 일본 JNCAP가 2019년도에 예방안전성능을 평가한 차량 결과를 정리한 것이다. 닛산 데이즈나 혼다 N박스/N왜건 등의 경자동차도 고득점을 올렸다. 일본 내의 교통사고 발생상황 등을 감안해 평가항목이 각 년도마다 바뀌기 때문에, 당해 년도에 만점 점수를 받았다 하더라도 다른 해에는 바뀔 수 있다는 점에 주의할 것.

예방안전 장비 가운데 가장 눈에 띄는 것은 AEB(자동 긴급제동 장치)일 것이다. AEB의 뿌리라 할 수 있는 기능이 버블 경제가 한창이던 1989년에 일본에서 탄생한다. 당시의 닛산 디젤(현재의 UD트럭스)이 트럭과 버스용으로 개발한 「레이저 레이더 추돌경보 장치」가 그것이다. 어디까지나 추돌경보였을 뿐 브레이크 조작은 전혀 하지 않았지만, 센서를 통해 전방차량을 감지한 다음 그 거리와 상대속도로부터 추돌 가능성을 연산한다는 개념은 AEB의 기본이

된 것이다.

자동 긴급제동 장치를 사용해 강력한 브레이크를 걸 수 있는 시스템이 탄생한 것은 2003년. 혼다 인스파이어에 탑재되었던 「CMBS」는 전방의 밀리파 레이더를 통해 전방차량과의 거리를 감지한 다음, 운전자에 의한 충돌회피가 어렵다고 판단했을 때는 자동적으로 브레이크를 걸어 충돌피해를 줄이는 기능을 실현했다. 다만 이 단계에서는 감속에 그치는 정도였다.

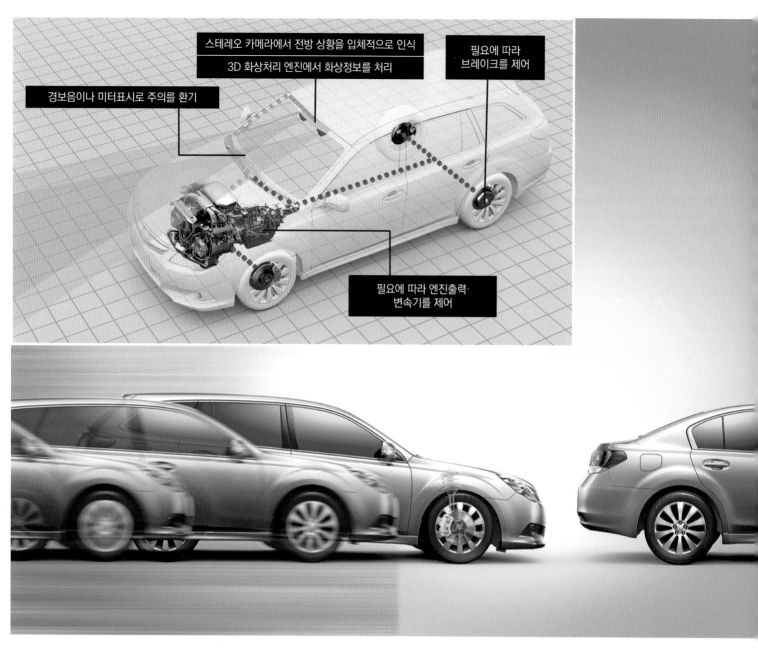

스테레오 카메라에서 전방 상황을 입체적으로 인식

3D 화상처리 엔진에서 화상정보를 처리

경보음이나 미터표시로 주의를 환기

필요에 따라 브레이크를 제어

필요에 따라 엔진출력·변속기를 제어

인상적인 「부딪치지 않는 자동차?」를 광고 카피로 들고 나온 2010년. 스바루 레거시에 탑재된 「아이사이트 ver.2」는 예방안전 기능이 차량인기에 큰 영향을 끼쳤다.

정지까지 커버하기는 2010년의 스바루 레거시가 채택한 「아이사이트 ver.2」까지 기다려야 했다. 많이 알려졌듯이 스테레오 카메라를 통해 전방 모습을 감지하는 아이사이트가 탄생한 것은 08년이지만 그때는 정지까지는 기능하지 못하고 타사와 비슷한 상태였다. 거기서 한 발 앞서간 것이 5세대 레거시에 탑재되어 『부딪치지 않는 자동차?』라는 선전문구로 유명했던 「아이사이트 ver.2」였던 것이다. 일본차량 가운데 처음으로 "충돌회피" 가능성이 있는 AEB가 이때 탄생했다. 덧붙이자면 해외 메이커에서도 비슷하게 완전정지까지 실현했던 곳이 볼보 정도였으므로, 아이사이트 ver.2는 세계적으로 봐도 앞서 나갔던 것이다.

게다가 아이사이트가 스테레오 카메라를 이용함으로써 보행자까지 감지할 수 있게 된 것은 밀리파 레이더를 채택하는 시스템에 있어서 큰 이점이었다. 불과 10년 전 이야기이지만, 그 당시는 보행자를 감지하지 못하는 시스템도 적지 않았다. 한편 그 시기의 볼보 시스템은 밀리파 레이더와 단안 카메라를 같이 사용해 보행자를 정확히 감지했다.

또 AEB 보급 초기인 2010년대 전반의 소형차 등에는 적외선 레이저 레이더만 사용한 간략한 시스템이 많이 적용되었다. 이 시스템

일본차로는 처음으로 밀리파 레이더를 사용한 자동 긴급제동 장치를 2003년에 채택한 혼다 인스파이어. 단안 카메라를 통한 차선 중앙유지 기능이나 추종 크루즈 컨트롤도 갖추었다.

들은 차량밖에 감지하지 못했을 뿐만 아니라 성능 상으로도 작동하는 속도영역이 30km/h 이하로 한정적이어서, 시가지나 정체로 인한 거북이 운전 상태에서만 기능했던 것이다. 예를 들면 다이하쓰의 예방안전 기능인『스마트 어시스트』제1탄은 적외선 레이저를 사용하는 방식이었다(2012년). 그러나 차량밖에 감지하지 못하는 것은 큰 약점이어서, 2015년에는 적외선 레이저에 단안 카메라를 추가한「스마트 어시스트 II」로 진화한다. 카메라 채택에 따라 보행자 감지는 가능해졌지만, 이 시스템에서는 보행자에 대해서 경보만 할 뿐 AEB를 작동시키지는 못했다. 그러다가 16년부터 초소형 스테레오 카메라를 센서 장치로 바꿔서 보행자를 감지한 다음 브레이크를

거는 수준까지 진화했다. 이렇게 다이하쓰 사례를 보더라도 해마다 AEB 성능이 진화해 왔음을 알 수 있다.

적어도 일본 시장 트렌드에서는 스바루 아이사이트 ver.2의 등장부터 AEB 수요가 일거에 급등했다. 그 때문에 당초에는 저속영역 한정이었던 경자동차마저 몇 년 안에 보행자 감지성능까지 갖추는 것이 당연시되었다.

저가 자동차에 고성능 AEB를 적용하려면 센서의 가격인하가 중요하다. 그런 의미에서 닛산의「intelligent emergency brake」가 단안 카메라만으로 화상을 처리해 충분한 AEB기능을 실현한 일은 획기적이었다.

JAPANESE K-CAR
경자동차

▶ 혼다 [HONDA SENSING]

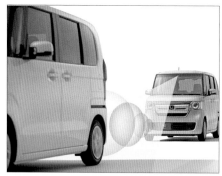
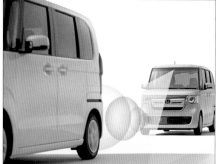

1. 단안 카메라   2. 밀리파 레이더   3. 소나 센서

N-ONE의 풀 모델 체인지를 거치면서 혼다의 N시리즈는 모두 밀리파 레이더와 단안 카메라를 같이 사용하는 예방안전&선진 운전지원 시스템 「혼다 센싱」을 표준장착하게 되었다. N-WGN(왜건)과 N-ONE에는 EPB(Electric Parking Brake)도 적용되었고, 정체 시 대응하는 ACC도 실현된다. 등록 차량의 상급모델과 비교해도 손색없는 성능이다.

N박스(N-BOX)
- 단안 카메라
- 밀리파 레이더
- 초음파 센서

NCAP 득점 **129.2점**

지금은 경자동차라도 적외선 레이저 레이더만으로 구성되어 저속영역에서만 한정적으로 AEB를 작동하는 차는 드물지만, 혼다 S660이 그런 차 가운데 하나이다. 또 같은 경량 스포츠카라도 다이하쓰 코펜은 아예 AEB가 설정되지 않았다.

▶ 닛산 [NISSAN INTE LLIGENT MOBILITY]

데이즈(DAYZ)
- 단안 카메라
- 초음파 센서
  (최신 모델은 밀리파 레이더를 추가)

NCAP 득점 **132.0점**

JNCAP의 테스트 시점에서는 단안 카메라만 사용한 「인텔리전트 이머전시 브레이크」를 적용했던 데이즈. 2020년 8월의 마이너 체인지를 거치면서 밀리파 레이더를 같이 사용해 2대 앞의 자동차 거동을 감지한 충돌예측 경보를 울릴 수 있도록 진화했다. 룩스 차량은 데뷔 때부터 똑같은 기능을 유지하고 있다. 또 옵션인 「프로파일럿」에서는 차선 중앙유지와 정체 대응 ACC 기능을 실현한다.

격렬한 경쟁이 각사의 성능향상을 촉진

「경자동차=성능이 낮아도 어쩔 수 없다」는 생각은 이제 더 이상 정확한 인식이라고 할 수 없다.
연간 140만대가 넘는 일본 경승용차 시장규모는 같은 메이커 내에서도 복수의 장치가 혼재하는 격렬한 개발경쟁을 낳고 있다.

▶ 다이하쓰 【 SMART ASSIST 】

탄토(TANTO)

- 스테레오 카메라
- 초음파 센서

NCAP 득점 **72.0점**

다이하쓰의 최신 시스템을 장착한 것이 탄토 모델이다. 센서로 스테레오 카메라를 사용하는 것은 기존과 똑같지만, 정체대응 ACC나 차선 중앙유지 어시스트 기능 등도 실현한 것이 이전 시스템과의 차이. AEB 기능에서 야간에 보행자 감지가 가능해졌다는 점이 큰 진화적 특징이다. 얼마 동안은 이 시스템을 수평적으로 전개하는 양상을 보일 것이다.

스테레오 카메라에서도 ACC 기능 등이 없는 구형 타입의 「스마트 어시스트 Ⅲ」를 설정하는 모델도 많다. 상용차에 적용하는 것이야 당연한 수순이지만 그만큼 단가를 낮췄다는 뜻일 것이다.

▶ 스즈키 【 SAFETY SUPPORT 】

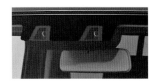

왜건 R(WAGON R)

- 단안 카메라
- 적외선 레이저 레이더
- 초음파 센서

NCAP 득점 **58.9점**

스즈키는 독특하게 차종에 따라 복수의 시스템을 구분해서 사용한다. 왜건R, 알토, 짐니에는 적외선 레이저 레이더와 단안 카메라를 같이 사용하는 「듀얼 센서 브레이크 서포트」가 적용된다. 등장할 때는 충분한 성능이었지만, 야간 보행자는 감지하지 못한다는 점 등 지금은 진화를 원할 만한 스펙에 머물러 있다.

하슬러, 스페시아에는 스테레오 카메라의 「듀얼 카메라 브레이크 서포트」를 탑재. ACC를 실현하고 야간 때 보행자도 감지한다. 에브리 왜건 타입은 스테레오 카메라를 사용하지만 ACC가 안 된다.

JAPANESE K-CAR
등록차

▶ 토요타 [TOYOTA SAFETY SENSE (제2세대)]

알파드(ALPHARD)

- 단안 카메라
- 밀리파 레이더
- 초음파 센서

NCAP
득점 **141.0점**

2018년의 마이너스 체인지때부터 현재의 시스템을 채택하고 있는 알파드. 전방을 횡단하는 자전거는 보행자보다 속도가 빨라서 감지가 어렵지만, 밀리파 레이더와 단안 카메라를 같이 사용해 난이도 높은 조건에서도 확실히 브레이크를 작동시킨다. 같은 센서라도 카메라 탑재위치를 높게 할 수 있으면 감지능력이 향상되는 것도 이 결과로 이어졌다.

▶ 닛산 [NISSAN INTELLIGENT MOBILITY]

단안 카메라와 밀리파 레이더를 탑재하고 있지만, 세레나의 「인텔리전트 이머전시 브레이크」에서 주로 사용되는 것은 카메라이다. 원래 카메라만으로도 충분한 성능을 발휘시켜 온 닛산이기 때문에 AEB는 카메라가 주체이다. 밀리파 레이더는 자차에서 보이지 않는 앞쪽 상황을 파악하는데 이용함으로써 돌출사고를 방지하고 있다.

세레나(SERENA)

- 단안 카메라
- 초음파 센서
  (최신 모델은 밀리파 레이더를 추가)

NCAP
득점 **141.0점**

▶ 혼다 [HONDA SENSING]

어코드(ACCORD)

- 단안 카메라
- 밀리파 레이더
- 초음파 센서

NCAP
득점 **132.0점**

어코드는 전면유리 위쪽의 단안 카메라와 범퍼의 언더 그릴 중앙에 배치한 밀리파 레이더를 같이 사용하는 타입. 카메라는 주로 보행자를 감지하는데 활용한다. 밀리파 레이더 배치는 차종에 따라 약간 다르지만, 기본적인 시스템이 레전드부터 경자동차까지 공통이라는 것은 혼다의 예방안전에 대한 자세를 나타내는 것이다.

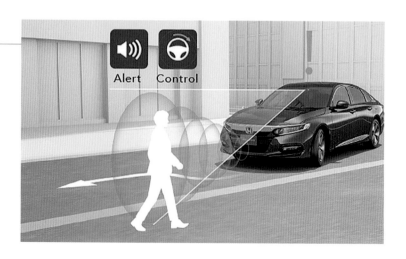

야간의 보행자 감지 능력이 중시되는 상황

2019년도 JNCAP 예방안전 성능평가에서 큰 점수 차이가 난 원인이었던 것이 야간 보행자의 감지능력 유무였다.
하지만 과거 사례에서 봤을 때, 이 분야도 몇 년이면 각사마다 성능을 끌어올려 표준적인 기능이 될 것이다.

▶ 스바루 [EYESIGHT TOURING ASSIST]

포레스타(FORESTER)

- 스테레오 카메라
- 초음파 센서

NCAP
득점 **131.4점**

최소한의 센서로 최대 효과를 발휘하겠다는 기본방침 하에 스테레오 카메라를 선택하고 진화시켜 온 것이 스바루이다. 초기 아이사이트는 흑백 영상이었지만 포레스타에서는 컬러 영상을 해석해 사람 눈처럼 전방을 감시한다. 전방차량의 브레이크 램프도 인식해서 제어에 이용하는 것은 풍부한 경험이 바탕에 깔린 기술이다.

보행자나 전방차량을 인식

경보음 & 경고표시
브레이크 제어

▶ 다이하쓰 [SMART ASSIST]

후방용 소나와 측면 후방용 밀리파 레이더도 탑재하지만 전방감지는 스테레오 카메라를 사용하는 시스템을 채택한 것이 록키. JNCAP 점수가 낮은 것은 야간 때 보행자 감지에 대응하지 않는 것이 주요 이유이지만, 주간 때도 보행자 감지가 약간 떨어지는 것은 부정하기 힘들다. 「선행차량 출발 및 알림」은 다이하쓰가 예전부터 적용하고 있는 기능이다.

록키(ROCKY)

- 스테레오 카메라
- 초음파 센서

NCAP
득점 **73.6점**

렉서스 LS의 운전지원 기술은 구입 후에도 진화한다

2021년 발매된 렉서스 LS는 새로운 운전지원 기술 「Advanced Drive」를 채택하고 있다. 딥러닝을 중심으로 한 AI 기술도 도입해 다양한 상황을 예측한다. 그를 통해 자동차 전용도로에서는 운전자 감시 하에 핸즈오프 주행을 실현하기도 한다. 나아가 구입 후에는 소프트웨어 업데이트를 통해 기능추가나 성능향상을 계속하는 방식을 도입하고 있다.

EUROPEAN CAR
유럽 자동차

▶ 아우디 [ADAPTIVE CRUISE ASSIST]

Q8

• 단안 카메라　• 밀리파 레이더
• 초음파 센서

EURO
NCAP 순위　○○○○

지원능력 : 78%
위험회피 : 84%

2019년에 데뷔한 플래그십 SUV 답게 이번 테스트에서도 최상위인 「VERY GOOD」을 뒤에서 살펴볼 BMW와 메르세데스와 함께 획득. 균형 잡힌 시스템으로 평가받았지만, 복잡한 기능의 퀵 스타트 가이드가 약하다는 점이나 어댑티브 크루즈 컨트롤 때의 거동도 감점대상이었다.

▶ BMW [DRIVING ASSISTANT PROFESSIONAL]

3시리즈(3 Series)

• 3안 카메라　• 밀리파 레이더
• 초음파 센서

EURO
NCAP 순위　○○○○

지원능력 : 82%
위험회피 : 90%

차량주변 감시용, 중거리용, 장거리용 3안 카메라를 장착한 것이 특징인 BMW 3시리즈. 각각의 카메라 감지능력을 활용한 정확한 차선유지나 운전자가 의도적으로 스티어링을 조작했을 때의 제어 등은 경쟁사를 능가하는 점수를 획득했지만, 아우디 Q8과 마찬가지로 차선변경 지원이 장착되지 않았다는 점이 감점대상이었다.

▶ 메르세데스 벤츠 [ADAPTIVE-DISTANCE ASSIST DISTRONIC]

GLE

• 스테레오 카메라　• 밀리파 레이더
• 초음파 센서

EURO
NCAP 순위　○○○○

지원능력 : 85%
위험회피 : 89%

전방과 측면, 후방을 커버하는 밀리파 레이더 외에 약 500m 전방까지 커버하는 스테레오 카메라를 조합한 시스템을 갖춘 GLE. 이번 성능평가에서도 가장 높은 점수를 획득했다. 전방 대상물체를 피할 때의 스티어링 어시스트나 코너 등에서의 속도 제어가 부드럽다는 점 등이 고평가를 받은 이유였다.

유로NCAP가 새로운 운전지원 시스템을 평가

2020년 10월, 유로NCAP는 고속주행 시 운전지원 기술을 평가하는 신규격을 제정해 테스트를 실시했다.
순수한 지원능력과 작동 중에 위험한 상황에 직면했을 때의 회피능력 2가지 영역에서 차량을 비교한다.

▶ 폭스바겐 [TRAVEL ASSIST]

파사트(PASSAT)

- 단안 카메라 · 밀리파 레이더
- 초음파 센서

EURO
NCAP 순위 ● ● ○ ○ ○

지원능력 : 76%
위험회피 : 61%

2014에 데뷔한 이후 상당한 시간이 흐르면서 카메라나 센서 성능 및 제어 시스템이 최신이라고는 할 수 없는 폭스바겐 파사트. 때문에 별 2개의 「MODERATE(중간)」에 머물렀다. 새롭게 제정된 이번 평가규격에 따른 테스트에서는 블라인드 스폿 시스템의 감지능력에 약점을 보이는 등, 점수를 따기 힘들었다.

▶ 포드 [CO-PILOT 360]

쿠가(KUGA)

- 단안 카메라 · 밀리파 레이더
- 초음파 센서

EURO
NCAP 순위 ○ ○ ○ ○

지원능력 : 66%
위험회피 : 86%

일본시장에서는 철수했지만 유럽에서 확고한 지위를 구축하고 있는 포드. 이 신형 쿠거는 2020년에 풀 모델 체인지된 신세대 모델로, VW 파사트를 능가하는 「GOOD」평가를 획득했다. 시스템 명칭인 「CO-PILOT 360」이 성능을 고려했을 때는 부적절하다는 점에서 감점을 받았지만, 위험회피 평가는 높았다.

신형 S클래스의 다채로운 운전지원 시스템

각종 센서를 여러 가지 목적으로 사용하는 것이 2020년 9월에 발표된 신형 S클래스의 특징이다. 전방의 대상물체를 파악하는 스테레오 카메라는 노면상황도 감지해 에어 서스펜션의 감쇠력 등을 제어함으로써 평탄한 승차감을 실현. 엔비디아사의 GPU를 이용해 탑승객의 시선이나 입 움직임을 감지함으로써 인식능력을 향상시킨 AI콕핏은 다양한 몸짓으로 조작실행이 가능할 뿐만 아니라, 실내 디스플레이 등을 주시하면서도 주행할 수 있는 레벨3을 상정한 자율주행 대응도 예정하고 있다.

Part 2

현재의 자율주행 기술

자동차가 자율적으로 상황을 인식하고 명확한 판단을 내려서 가속이나 감속, 스티어링을 제어한다.
그러기 위해서는 무엇이 필요하고, 지금 어디까지 가능한 상태일까?

PRE-CRASH SAFETY TECHNOLOGY

자율주행기술

CASE 1
STUDY

혼다 정체운전 기능(Traffic Jam Pilot)

레벨3에 필요한 것은 무엇일까?

형식지정을 취득한 혼다로부터 필수항목에 대해 청취

드디어 자율주행 레벨3을 할 수 있는 시스템을 갖춘 시판차량이 데뷔했다. 레전드에 탑재해 2021년부터 판매하기 시작한 혼다, 그런 혼다의 실현을 목표로 한 기술적 도전에 대해 살펴보았다.

본문 : 안도 마코토 사진 : 혼다 / MFi 수치 : 혼다

🔺 2017년에 자율주행에 관한 로드맵을 발표

상단 왼쪽 사진의 차량은 2017년 6월에 개최된 혼다 미팅에서 보도진에게 공개된 테스트 차량. 2020년 11월의 레벨3 형식지정 취득을 발표한 기자회견에서는 고속도로 정체 상황에서 일정한 조건 하에 시스템이 운전자를 대신해 운전 조작이 가능한 레전드를 판매할 예정이라고 밝힌바 있다.

2020년 11월 11일, 혼다는 자율주행 레벨3의 형식지정을 취득했다고 발표했다. 예전서부터 「2020년까지 고속도로에서의 자율주행 기술을 완성할 것」이라고 공언해 왔는데, 그 계획이 결과를 맺은 것이다.

자율주행 레벨에 대해서 잠깐 살펴보고 가자면, 레벨1은 전후좌우 가운데 어느 한 쪽의 움직임을 제어할 수 있는 시스템의 자동차를 말한다. 구체적으로는 ACC(Adaptive Cruise Control)나 차선의 중앙주행을 지원하는 차선유지 지원(LKS) 어느 한 가지 기능이라도 탑재되어 있으면 레벨1에 해당한다. 레벨2는 전후좌우방향 제어시스템 양쪽이 탑재되어 있으면 된다. 즉 ACC와 LKS가 탑재된 자동차는 "자율주행 레벨2"의 정의를 만족할 수 있다.

레벨3은 특정한 주행환경 조건(Operational Design Domain=ODD)에서 차량 시스템이 자동차 조종을 대행하는 단계이다. 운전자는 주위의 안전감시로부터 해방되어 동영상을 시청하는

등, 조종 이외의 다른 일을 할 수 있다. 혼다가 인증을 취득한 것은 "고속도로 상에서 정체상황이 발생했을 때"라고 해서 ODD가 특정되어 있다. 덧붙이자면 법률용어 상의 「운전」이란, 적절한 시트벨트 장착이나 인신사고 발생 시 구호 등과 같이 운전자에게 요구되는 전반적인 의무사항이 포함된 것이다. 자동차의 움직임만 제어하는 것은 「조종」이라고 한다.

그 자율주행 레벨3의 법적 정의가 명문화된 것은 2020년 4월 1일(2019년 법률 제14호). 혼다는 개정법 시행 이후 불과 7개월이라는 짧은 기간에 인증을 취득하게 된 것인데, 기술적 장벽은 어렵지 않게 넘을 수 있었을 것이다. 주식회사 혼다기술연구소에서 개발을 총괄한 스키모토 치프 엔지니어로부터 전후 사정을 들어보았다.

「최근에는 레벨2에서도 핸즈오프 주행할 수 있는 것이 나왔기 때문에, 레벨2가 조금 진화한 것이 레벨3라고 인식하는 사람도 있을 거라 생각합니다. 하지만 2와 3사이에는 명확한 차이가 있죠」

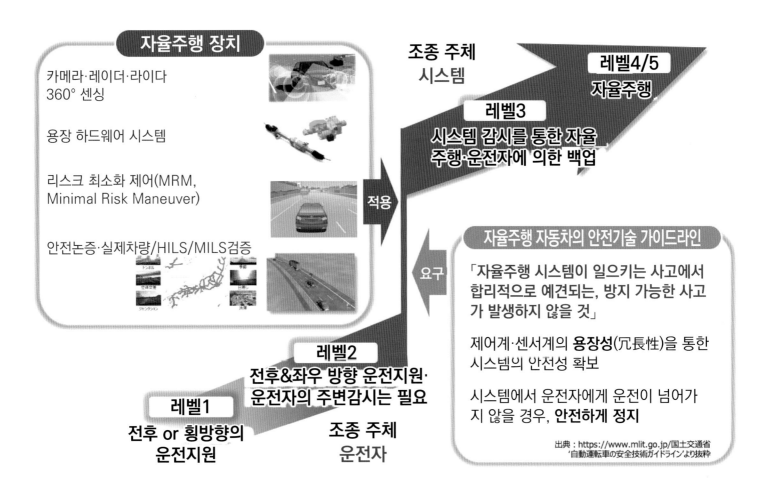

▲ 레벨2와 레벨3 사이의 큰 차이

레벨2까지의 자율주행은 조종 주체가 운전자에게 있어서, 시스템 작동 중이라도 사고를 피해야 하는 책임은 운전자에게 있다. 그것이 레벨3 이상이 되면, 조종 주체가 시스템이기 때문에 사고를 피해야 하는 책임도 시스템이 지게 된다. 그것을 확실하게 담보하려면 모든 컴포넌트의 용장성 확보와 ODD 내 모든 환경을 조합한 상태에서의 검증이 필요하다.

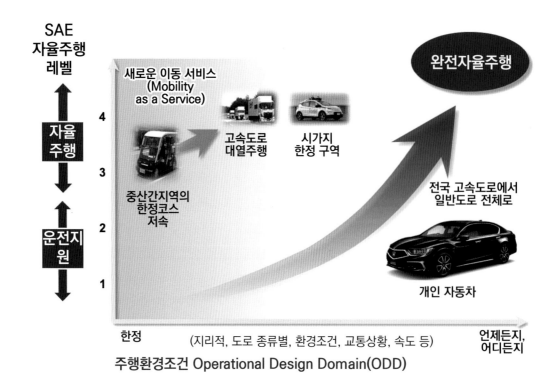

SAE 자율주행 레벨

자율주행

운전지원

4

3

2

1

새로운 이동 서비스
(Mobility as a Service)

중산간지역의
한정코스
저속

고속도로
대열주행

시가지
한정 구역

완전자율주행

전국 고속도로에서
일반도로 전체로

개인 자동차

한정

(지리적, 도로 종류별, 환경조건, 교통상황, 속도 등)

언제든지,
어디든지

주행환경조건 Operational Design Domain(ODD)

ⓐ 자율주행에 대한 두 가지 접근방법

자율주행은 개인 자동차의 자율주행과 버스나 택시를 대체하는 모빌리티 서비스로서의 자율주행 두 가지 접근방식으로 진행 중이다. 전자는 시급한 자율주행 레벨 향상을 요구하지 않는 대신에 ODD를 확대해 나가는 것이 중요. 후자는 ODD를 한정하는 대신에 처음부터 레벨4 이상의 자율주행이 되어야 할 필요가 있다.

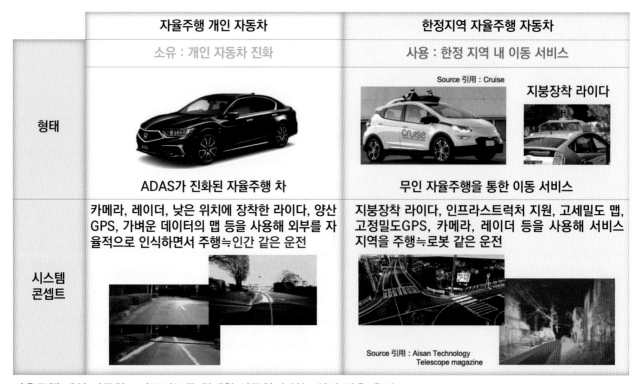

	자율주행 개인 자동차	한정지역 자율주행 자동차
	소유 : 개인 자동차 진화	사용 : 한정 지역 내 이동 서비스
형태	ADAS가 진화된 자율주행 차	무인 자율주행을 통한 이동 서비스 지붕장착 라이다
시스템 콘셉트	카메라, 레이더, 낮은 위치에 장착한 라이다, 양산 GPS, 가벼운 데이터의 맵 등을 사용해 외부를 자율적으로 인식하면서 주행=인간 같은 운전	지붕장착 라이다, 인프라스트럭처 지원, 고세밀도 맵, 고정밀도GPS, 카메라, 레이더 등을 사용해 서비스 지역을 주행=로봇 같은 운전

자율주행 개인 자동차 : 지도정보를 최대한 의존하지 않는 인간 같은 운전
한정지역 자율주행 자동차 : 고세밀도 맵 등과 같은 인프라 지원을 통한 자율주행

ⓐ 목적에 맞춰서 다른 센서들로 구성

개인 자동차의 자율주행과 모빌리티 서비스로서의 자율주행은 요구되는 성능이 다르기 때문에 사용되는 기술도 다르다. 외관이나 공기저항 등의 중요성이 낮은 후자는 지붕 위에 큰 라이다(LiDAR)를 장착해 고세밀도의 점군 데이터를 수집한 다음, 그것을 초정밀 3D지도와 대조해 지도상에 생성되는 가상 차선을 달리는 것처럼 해서 자율주행을 성립시킨다.

레벨2까지는 조종 주체가 운전자라서, 시스템이 작동한다고 하더라도 사고를 피해야 하는 책임은 운전자에게 있다. 하지만 레벨3 이상에서는 시스템 작동하는 동안의 조종 주체가 시스템으로 넘어가기 때문에 사고를 피해야 하는 책임도 시스템이 갖게 된다. 이런 표면적인 부분을 이해하는 사람은 많이 있을 거라 생각하지만, 그것

을 실현하기 위한 하드웨어 설계나 안전성 검증 프로세스는 레벨2와 레벨3 사이에서 큰 차이가 있다고 한다.

「국토교통성에서 규정한 "자율주행 자동차의 안전기술 가이드라인"에서는 레벨3 이상에는 『자율주행 시스템이 일으키는 사고에서 합리적으로 예견되는, 방지 가능한 사고가 발생하지 않는다』는 것

⊙ 레벨3을 실현하는데 필요한 시스템

자차 위치 파악에는 3D 고정밀도 지도데이터와 멀티GNSS를 사용. 외부 인식 시스템과 차량의 제어 시스템을 2계통화해 용장성을 확보한다. 나아가 운전자 상태를 감지하는 운전자 모니터 카메라와 스티어링을 조작하는지 아닌지를 감지하는 스티어링 홀딩센서, 조향토크 센서도 필요하다.

↑ 왼쪽은 17년에 언론용으로 공개된 자율주행 테스트 차량으로, 외부를 인식하는 센서로 카메라와 밀리파 레이더, 라이다를 사용. 카메라는 전방에 2개 장착, 밀리파 레이더와 라이다는 각각 5개씩 장착해 인식에 관한 용장성을 확보한다. 카메라 2개는 개별적으로 기능하고 스테레오 카메라가 아니다. 밀리파 레이더와 라이다는 모두 자동차의 주변 360도를 감시. 일을 분담해서 하는 것이 아니라 같은 일을 이중 시스템에서 하는 것이다.

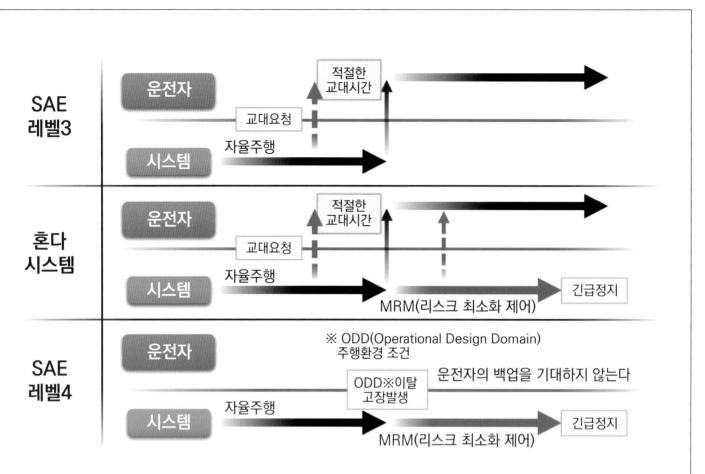

SAE 레벨3	운전자		적절한 교대시간	
		교대요청		
	시스템	자율주행		

혼다 시스템	운전자		적절한 교대시간	
		교대요청		
	시스템	자율주행	MRM(리스크 최소화 제어)	긴급정지

SAE 레벨4	운전자		※ ODD(Operational Design Domain) 주행환경 조건	운전자의 백업을 기대하지 않는다
			ODD※이탈 고장발생	
	시스템	자율주행	MRM(리스크 최소화 제어)	긴급정지

운전을 교대할 때의 안전성을 고려해 리스크 최소화 제어 도입을 기준보다 앞서서 결정

ⓐ 레벨3에서 MRM을 도입

SAE가 정의하는 자율주행 레벨3에서는 운전자가 교대요청에 응하지 않는 경우라도 MRM(리스크 최소화 제어)를 통해 긴급 정지시키는 부분까지는 요구하지 않는다. 하지만 일본의 국토교통성 가이드라인에서는 SAE 같으면 레벨4에 해당하는 MRM을 레벨3에 요구한다. 물론 혼다 시스템도 여기에 따르고 있다.

← 레벨3 이상의 인증을 취득한 자동차에는 자율주행 자동차임을 표시하는 스티커를 차체 뒤쪽에 부착하도록 요청 받았다. 이 디자인으로 얼마만큼 운전자가 이해할 수 있을지, 필자로서는 의문스러운 부분이다.

을 시스템에 요구합니다. 그러려면 시스템을 다중화해서 용장성(冗長性)을 확보할 필요가 있죠. 시스템이 운전자한테로 운전을 넘길 수 없는 경우에는 시스템이 자동차를 안전하게 정지시켜야 한다는 등의 요건이 보안기준을 통해 규정되어 있습니다.

우리는 가이드라인이 발효되기 전부터 이런 것을 전제로 기준설계를 해 왔습니다. 예를 들면 자동차의 사방 360°를 다중으로 센싱하는 시스템이라든가, 스티어링이나 브레이크의 액추에이터와 그 제어계, 나아가서는 12V 전원계통을 이중으로 해서 용장성을 확보하고 있습니다. 또 운전자가 만에 하나 인계 요청에 응하지 않는 경우, "안전하게 정지시키기"위한 MRM(Minimal Risk Maneuver)=리스크 최소화 제어를 적용하고 있습니다. 거기에 더 해서 다양한 조건을 상정한 안전성 논증이나 실증, MILS(Model In the

Loop Simulation, 하드웨어를 사용하지 않고 가상공간에서 시뮬레이션하는 모델 베이스 개발방법)나 HILS(Hardware In the Loop Simulation, 시스템 단독의 하드웨어를 사용해 가상의 주행데이터를 부여함으로써 작동을 검증하는 개발방법) 등과 같은 시뮬레이션 실험과 공도 실증실험 검증을 병행하고 나서 비로소 레벨3 요건을 충족시킬 수 있는 겁니다」

실용화로 가는 과정에서 큰 과제는 안전성 확보와 그 검증이었다. 「레벨3의 안전성을 달성하기 위한 표준적 개발 프로세스는 아직 확립된 것이 없습니다. ISO34502가 자율주행 안전검증에 관한 표준이기는 한데, 이것도 아직 논의되는 단계일 뿐 발효에는 이르지 못하고 있죠. 그래서 우리는 기존에 있던 기능적 안전성(functional safety)이라는 개념을 기준으로 삼아 ISO26262라는 기존 안전규격이었거나 SOTIF(Safety Of The Intended Functionality) 같이 기능이나 성능 한계가 발생했을 때의 안전성 확보를 목적으로 한 규격, 국토교통성의 보안기준은 물론이고 아직 발효되지 않은 표준안 등을 참고해 가면서, 그것들을 총망라해서 충족시킬 수 있는 설계·검증 프로세스를 구축함으로써 안전성과 신뢰성을 확보했습니다」

조금 더 자세히 설명해 달라고 부탁했다.

「검증에 관해서는 MILS나 HILS부터 드라이빙 시뮬레이터를 사용한 인간참여 시뮬레이션까지 이용 가능한 것은 전부 다 활용했죠. 특히 MILS에 있어서는 슈퍼컴퓨터를 구사해 몇 백만 경우의 시뮬레이션이 가능한 환경을, 자율주행 개발을 위해서 갖춰 놓은 상태입니다. 거기에 시뮬레이션만으로는 알기 어려운 『상정 외 사실과 현상』을 철저히 밝혀내기 위해서 전국의 고속도로를 구석구석 달려가면서 검증하고 있습니다」

실제 주행에서 직면하는 다양한 주행조건이나 환경조건을 조합하면 검증해야 할 경우의 수가 상당히 증가한다. 수를 처리하는 것은 슈퍼컴퓨터가 전문으로 하는 분야이다. 하지만 파라미터에 무엇을 선택할지는 설계자의 경험에 달려 있다. 그것을 빠짐없이 파악하기 위해서 실제도로 주행을 반복하고, 빠졌던 사실과 현상이 나타나면 다시 시뮬레이션에 피드백해서 철저하게 검증. 그렇게 달린 주행거리가 총 100만km를 넘었다고 한다.

그렇게 하는데도 유럽 메이커 가운데는 레벨3에 부정적 입장을 가진 곳도 있다.

「물론 그것은 알고 있습니다. SAE의 레벨3에서는 자율주행 시스템이 ODD를 이탈하든가 해서 만에 하나 고장이 발생했을 경우, 운전자는 적절한 교체시간 내에 운전을 넘겨받도록 되어 있습니다. 하지만 MRM까지는 요구하지 않죠. SAE에서 MRM이 요구되는 것은 레벨4부터입니다. 하지만 우리는 레벨3이라 하더라도 만약을 감안해 MRM을 도입하기로 결정했습니다. 이것은 국토교통성의 안전 기술 가이드라인에서도 규정되어 있는데, 이를 통해 안전을 충분히 담보할 수 있다고 생각합니다」

즉 일본의 레벨3 인증을 취득한 자동차 운전은 SAE의 레벨3을 달성한 자동차보다 안전하다는 것이다.

앞으로는 어떻게 ODD를 넓혀나가느냐가 과제인 한편으로, 자율주행 기술개발은 기존 운전지원 시스템의 기능향상으로도 이어질 수 있다고 한다. 예를 들면 충돌피해경감 브레이크나 페달을 잘못 밟는 방지 시스템은, 운전자가 일정시간 이상 액셀러레이터를 계속 밟는다거나 스티어링을 조작하거나 하면 이것들을 우선해서 기능을 정지시키는 것도 적지 않다. 그렇게 되면 운전자가 브레이크 페달이라고 믿고 액셀러레이터를 계속 밟는 상황에는 대응하지 못한다.

하지만 주변감시 센서가 발전함에 따라 주변 환경을 더 자세히 파악할 수 있도록 하고, 정보처리 프로그램도 지능화함으로써 운전자의 조작실수인지 아니면 의도적인 회피행동인지를 시스템이 정확하게 판별할 수 있게 되면 그런 휴먼 에러에 대한 대응도 가능하다.

ODD에서 해방된 완전 자율주행(레벨5)의 실현까지는 아직 갈 길이 멀지만, 그 과정에서 만들어지는 다양한 요소기술과 안전성 검증을 위한 방법은 "사고 제로 사회" 실현에 틀림없이 밑거름이 될 것이다.

PROFILE

주식회사 혼다기술연구소
선진기술연구소 / 지능화영역 겸 AD/
ADAS 연구개발실 최고기술자

스기모토 요이치
(杉本 洋一)

발레오　Drive4U

일반도로를 완전 자율주행으로 달려 보았다

SIP-adus 도쿄 린카이지역 실증실험

승차해보고 나서의 솔직한 소감은 「아직 내가 더 잘하는 거 같은데」였다.
하지만 동시에 「바로 추월당하겠는데」하는 느낌도 들었다. Drive4U의 실력.

본문 : MFi　사진 : MFi / 발레오

🔺 일반도로에서의 자율주행

무엇보다 필요한 것은 올바른 위치에서 달리는 일. 공도에서는 몇m만 벗어나도 사고나 충돌을 초래하게 된다. 그 때문에 Drive4U는 차량 센서들과 고정밀도 3D 지도정보를 조합해 12cm 이내의 정확도를 발휘한다. 나아가 ITS를 이용해 신호정보를 얻음으로써, 일반도로 주행에서 필수적인 신호를 통한 출발·정차판단 재료의 하나로 활용한다.

생각해 보면 발레오의 Drive4U를 처음 경험한 것은 2019년 1월, 라스베이거스의 정체 도로였다. 좌우회전 제어는 별도로 치고, 조금 야박하게 표현하면 느릿느릿 따라가는 정도라면 ACC로도 대처할 수 있을 것 같다. 하지만 이번 오다이바(台場) 자율주행에서는 정체가 없기 때문에 D4U의 진짜 실력을 제대로 확인할 절호의 기회였다.

린카이선의 국제전시장역 앞에 정차해 있는 자동차에 올라타고는 역전 로터리를 나와서 바로 자율주행 모드를 발동시킬 수 있는 구역까지 가자고 했더니, 운전석에 앉아 있던 난다라조그씨는 운전을 자동차로 넘기고, 이후 D4U는 혼자서 자율주행을 시작한다. 달리기 시작한 시점에서 움찔하고 스티어링을 틀어서 자신의 위치를 확인하는 것 같은 거동을 보이더니 D4U는 자동으로 달리기 시작했다. 경로 상에서는 바로 좌회전하는 설정이었기 때문에 교차로에 진입하자 부드럽게 정차하는 것이다. 「왜 그러지?」하고 수상히 여겼더니, 보행자가 횡단보도를 건너기 시작하려는 참이었다. 보행자의 모습을 인식하고 이쪽을 향해 걸어온다고 판단하면 다 건널 때까지 대기하도록 설정되어 있는 것 같다. 바로 감탄해 마지않았다.

교차로를 빠져나오자 질주하기 시작. 너무 빠르지도 않고 너무 늦지도 않은, 아주 자연스러운 느낌이다. 문제는 그 앞으로 보이는 적신호 교차로. 2차선에다가 우회전 차선이 따로 있는 곳이다. 여기서는 어떻게 판단할까 하고 생각하고 있는데, 가운데 차선을 유지하면서 우회전 차선 라인을 밟지도 않고, 물론 좌회전 신호를 기다리는 차량과 부딪치지 않고, 자기 차선 내에서 쓰윽 하고 부드럽게

정차했다. 매우 정확한 위치정보에 따라 운전하고 있다는 것을 엿볼 수 있다.

자율주행 기술에서는 「돌발적인 상황을 어떻게 처리하느냐」는 대책 외에, 무엇보다 「자신이 어디에 있는지」를 파악하는 것이 중요하다. 전자의 경우는 이미 ADAS 기능에서 실현된 것도 많아서, 카메라 시스템이나 레이더 종류로 또 경우에 따라서는 운전자보다 빠르고 정확한 인지가 가능하다. 한편으로 자율주행의 핵심이라고도 할 수 있는 후자의 경우는, D4U 자신이 장착하고 있는 센서들을 통한 감지기술 「Drive4U Locate」와 도쿄 린카이부 실증실험으로 제공되는 고정밀도 3D 지도를 조합해서 자차 위치를 정확하게 파악한다. 나아가 ITS 무선기능을 통해서 얻는 교통신호 정보까지 이용해 출발과 정차를 제어한다. 복수의 소스를 이용함으로써, 예를 들면 앞쪽에 대형트럭이 달리고 있어서 신호가 보이지 않는다든가, 역광으로 인해 시야가 크게 방해받는다든가, 커브를 빠져 나온 직후에 신호나 나타나는 등의, 직접 운전하는 경우에도 쉽지 않는 상황에서의 예측이 가능하다. 사전에 상황을 파악하고 있기 때문에 급브레이크나 급선회 같은 상황에는 빠지지 않고 D4U는 시종 부드럽게 계속 달릴 수 있는 것이다.

모두에서도 말했듯이 「아직 인간 정도는 아니군」하는 생각이 드는 상황도 적잖이 있었다. 예를 들면 교차로에서 좌회전한 직후에, 도로에 연이어서 주차된 차들 때문에 차선을 바꿔야 하는 상황 같은 경우는 아직 시스템적으로 해결하기에는 어려운 부류에 해당한다고 한다. 신호대기 중인 교차로에 노상주차가 있는 경우도 판단

주행 가능한 차선을 녹색으로 표시
접근하는 차량을 인지해 화면에 투영
Drive4U Locate(◉)와 3D 지도(◉)를 비교 대상으로 삼으면서 경로를 주행.

◉ 센서는 무엇을 파악하고 있을까

자신이 어디에 있는지에 대한 정확한 위치정보는 센서로부터 얻은 GPS정보와 SCALA를 통한 실시간 거리측정을 조합해서 연산·획득한다. 나아가 SIP의 도쿄 린카이부 실증실험에서 작성한 고정밀도 3D 지도를 통해 신호 위치를 비롯한 랜드 마크 정보를 시스템에 통합한다.

신호기 점등 정보는 ITS로부터 얻는다.
교량 등과 같이 GPS가 파악하기 힘든 것은 구역이 점이 아니라 원으로 표시된다.

◉ 정보를 어떻게 활용하고 있을까

고정밀도 3D 지도로 파악하는 교차로나 신호위치 외에, ITS에서 신호점등 상황을 파악(소위 말하는 V2X)함으로써, 카메라에만 의존하지 않는 용장성을 실현했다. 다른 차와의 간섭방지는 SCALA를 비롯한 차량 센서들의 정보를 융합시키는 식으로 차량 전체 방향을 감지한다.

ⓐ Drive4U 실험차량의 장비

Drive4U는 차량용 카메라 1대에 차량 앞뒤로 6개의 SCALA-Gen.1과 12대의 초음파 카메라, 차량 앞쪽 끝에 1대의 SCALA-Gen.2, 전후좌우에 4대의 근거리 카메라, 4곳 구석에 밀리파 레이더를 장비한다. 이번 실험차량은 거기에 GPS수신을 위한 안테나와 관측 카메라까지 장착했다.

이 어려운 듯 약간 머뭇거리는 것이 느껴졌다. 또 정차 직후에 중앙 분리대에 심어진 나뭇가지가 차도로 뻗어 나와 있었을 때는 급히 핸들을 좌우로 돌려서 자동차가 흔들리는 상황도 있었다. 결코 드물다고 할 수 없는 이런 상황을 앞으로 어떻게 보완해 나갈 것인지 흥미를 느꼈다. 이것은 말하자면 「정확한 위치로 달리고 싶다」는 자동차의 의사와 「위험이 닥칠 것 같으니까 대처해야 한다」는 자동차의 다른 의사가 서로 부딪치면서 생기는 현상이라고 생각된다. 앞으로 두 가지 의사를 자동차 스스로 절충할 수 있게 되면, 인간의 「아직은 내가 더 낫다」는 우월감이 조만간 깨지는 날도 멀지 않을 것이다.

이번 시승에서는 좌회전만 제어하는 코스로 설정했기 때문에 시스템 실력이 요구되는 우회전 대기나 본선 합류 같은 상황은 재현되지 않았다. 하지만 SIP 보고서를 보면 그런 상황도 당연히 검토·실험되었기 때문에, D4U도 거기서 빠졌을 리가 없을 것으로 추측된다. 다음에 기회를 얻을 수 있다면 꼭 그런 상황도 포함해서 시승해 보기를 기대한다.

SCALA

카메라

민관이 손잡고 연구하는 자율주행 시스템(SIP) 최전선

자율주행의 미래
센서 시뮬레이션 시스템

DIVP(Driving Intelligence Validation Platform)

자율주행 시스템은 복잡해지고 있는 한편으로 무수히 존재하는 실제주행 환경에 대해서 높은 안전성 확보가 요구된다.
현재 행정부의 SIP-adus 주도 하에 산관학이 하나가 되어 카메라와 레이더,
라이다 3가지 센서를 융합함으로써 자율주행 시스템의 안전성을 평가하는 환경 구축 프로젝트를 진행 중이다.
국제적 표준 플랫폼으로 발전시켜 세계의 자동차 산업에 공헌할 수 있도록 하겠다는 목표로 움직이고 있는 현재 모습을 취재해 보았다.

인터뷰 : 시미즈 가즈오 본문 : 후지노 다이치 사진&수치 : DIVP / NEDO

2020년 11월 11일, 세계 최초로 자율주행 기능을 갖춘 혼다 레전드가 정식으로 형식승인을 받았다. 이것은 그해 4월 1일, 개정도로교통법 및 도로운송차량법이 시행됨으로써 실현된 것이다.

그 배경에는 2014년에 시작된 행정부의 전략적 이노베이션 창조 프로그램(SIP, Strategic Innovation Promotion program)이라는 활동이 있었다. 이것은 안전성이나 운전지원 기술을 발전시키는 한편으로, 범용적인 이동수단으로서의 자율주행 시스템인 SIP-adus(Automated Driving for Universal Services) 실현을 지향하는 것이다. 자동차 메이커를 비롯해 국토교통성, 경제산업성, 총무성, 경찰청, 내각부, 내

• DIVP™ 설계

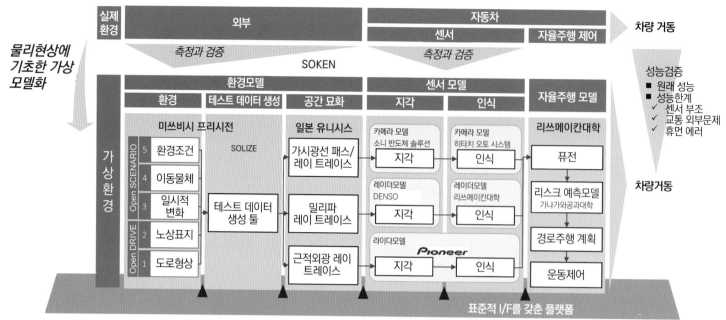

각 분야의 전문가들인 2대학, 8기업의 총 10단체가 참가하는 컨소시엄을 구성해 연구개발을 추진하고 있다. 시뮬레이션 환경을 구축하기 위한 「인터페이스(I/F)구축」, 「모델구축」·「실제환경과의 검증」을 각각의 전문가들이 분담·연대해 가면서 성과 도출을 목표로 하고 있다.

🔺 센서 부조가 나타나는 조건 사례

안전성 검증의 핵심인 대상물체가 "보이느냐", "보이지 않느냐"는 평가가 가능하도록 하기 위해서, 비가 내릴 때의 빛이나 전파 감쇠, 역광에 의한 대상물의 사라짐, 맞은편 차량의 라이트에 의한 보행자 사라짐 등 센서 부조(不調)가 나타나는 상황의 시나리오 데이터를 구축.

각관방 등 관계부처들이 참가해, 기초연구부터 실용에 이르기까지의 연구개발을 관민 일체로 추진한다는 프로젝트인 것이다. 이 활동의 구성위원을 맡은 것이 모터 저널리스트인 시미즈 가즈오(清水 和夫)씨이다. 그에게 자율주행의 현재 상태에 대해 이야기 들었다.

「프로그램을 시작할 때, 레벨3 이상의 자율주행을 실현하는데 있어서 법률적인 큰 장벽이 있었습니다. SIP에서도 실현에 이르기 위해서 어떤 법제도 개정이 필요한지에 대한 논의가 있었고, 2018년에 내각관방이 제도정비 개요를 책정했습니다. 이것을 바탕으로 경시청과 국토교통성이 도로교통법 및 도로운송차량법을 개정했죠. 그것이 19년에 공포되고 2020년 4월 1일 시행이라는 흐름으로 진행되어 왔습니다」.

또 한 가지, SIP 제1기의 주요 활동으로 자율주행 핵심 기술이라 할 수 있는 고정밀도 지도를 작성하는 것이 있었다.

「산이나 터널이 많은 일본에서는 자차 위치의 특정을 GPS에만 의존해서는 안 됩니다. 센서와 정밀도 높은 지도를 통해 10cm 이내의 오차에서 자신의 자동차 위치를 정확하게 특정하는 기술이 필요한 것이죠」

미쓰비시전기가 중심적 역할을 맡고 내비게이션 지도 메이커와 지도측량 회사나 각 자동차 메이커가 출자해 2016년도에 고정밀도 3차원지도 데이터를 제공하는 기획회사가 설립되었다. 그리고는 다음해에 다이내믹 맵 기반 회사의 사업회사로 바뀌었다. 현재는 더 자율주행 차량이 활용하기 쉽도록 데이터베이스가 가공되었을 뿐만 아니라, 실제 환경 변화에 대응하도록 업데이트도 이루어지고 있다. 2018년에 SIP는 제1기 활동을 끝내고 제2기로 넘어간다. 제2기의 테마는 이 프로그램의 책임자를 맡은 구즈마키 프로그램 디렉터로부터 어떤 획기적 아이디어를 제안 받은 것이었다.

「자율주행에 있어서 우선 중요한 것이 카메라와 밀리파 레이더, 라이다 등의 센서 종류입니다. 그런데 센서의 성능평가는 실제 차량 주행시험에 의존하는 것이 현재 상태이죠. 또 센서가 인간의 눈과 비교해 어느 정도의 성능을 갖고 있는지 아무도 명확하게 말하지 못하고 있습니다. 레벨3이 되면 눈을 감고 센서로만 운전하는 영역이 있기 때문에, 그 센서의 성능을 객관적으로 평가해 안전성을 증명할 필요가 있다고 생각합니다. 그 때문에 센서 메이커가 한 곳에 모여서 횡적으로 연대하면서 센서를 정확하게 평가할 수 있도록 플랫폼을 구축하도록 하자, 라는 것이었습니다」. 이렇게 세계적으로도 사례가 없는, 새로운 도전이 시작되었다.

DIVP(Driving Intelligence Validation Platform)로 명명된 이 프로젝트는 토요타자동차에서 VSC 개발 등 섀시 제어 엔지니어로 활약한 뒤, 현재 가나가와 공과대학에서 교수로 있는 이노우에 히데오(井上 秀雄)씨의 연구실을 중심으로 진행되었다. 여기에 리쓰메이칸 대학 같은 학계, 카메라의 히다치 오토모티브 시스템즈와 소니 세미컨덕터 리솔루션, 밀리파의 덴소, 라이다의 파이오니아 같은 센서 메이커에, 미쓰비시 프리시전이나 일본 유니시스, SOKEN, SOLIZE 같은 기업계가 참여한 2대학+8기업의 총 10단체로 이루어진 컨소시엄이다.

단순화해 보면 사람은 "인지, 판단, 조작"이라는 과정을 거치면서 자동차를 운전한다. 조작 부분은 전동 파워스티어링, 크루즈 컨트롤, 자동 브레이크 등에서 이미 실현되고 있지만, 역시 가장 어려운 것은 인간의 눈과 뇌에 해당하는 지각과 인지, 판단이라고 시미즈씨는 말한다.

「거기에 공헌하는 것이 카메라와 밀리파 레이더, 라이다라고 하는 3가지 센서인 것이죠. 원래 독일이 일찍부터 ACC(Adaptive Cruise Control)을 밀리파 레이더로 해 왔습니다. 일본에서는 스바루가 히타치와 함께 아이사이트를 시작한 것에서도 알 수 있듯이 카메라가 강점이죠. 그리고 라이다는 DARPA 챌린지의 영향도 있어서 벨로다인 등 미국 메이커가 앞서 나가고 있었지만, 결국 근래에는 일본의 센서기술도 진화하고 있습니다. 자동차 메이커가 그것들을 채택할 때 과제로 생각하는 것은 센서가 어디까지 제대로 인식하느냐는 겁니다. A사, B사, C사가 있고 제각각 보는 기능이 다르다고 한다면, 그것을 계측해서 수치화할 필요가 있겠죠. 현재는 그것을 객관적으로 평가할 판단기준이 없는 겁니다」

SIP 제2기가 출범한지도 어언 3년. "센서 지각과 환경의 모델화"를 목표로 DIVP 프로젝트는 반환지점에 도달했고 몇 가지 과제도 찾았다고 한다.

「카메라 시뮬레이션은 가시광선이라 인간의 눈과 비슷해서 알기가 쉽습니다. 보이는 것과 보이지 않는 것을 잘 판단하는데, 예를 들면 역광이나 비, 눈도 잘 판단합니다.

정교하고 치밀한 교통환경을 재현하기 위한 프로퍼티

각 모델의 「속성(property)」에 재료특성을 설정함으로써 정밀하고 치밀한 물체 재현이 가능하다. 왼쪽 화상은 프로퍼티가 없는 것으로, 색이나 질감도 재현되지 않아 평탄하게 보인다. 우측은 프로퍼티가 있는 것으로, 색이나 반사의 강약, 투명감 등을 재현할 수 있다.

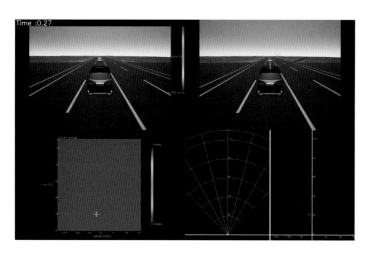

레이더의 시뮬레이션 결과

밀리파 레이더 모델의 실장을 완료. 물리현상 평가가 가능한 시뮬레이션으로 승화할 수 있었다.

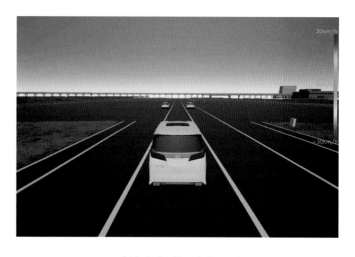

레이더의 성능평가 사례

대표적인 레이더의 부조 원인인 차량 간 추월 장면. 분해능이 낮은 레이더의 경우는 올바른 위치에 지각출력이 안 되는 것을 재현할 수 있기 때문에 정확한 센서의 성능평가가 가능하다.

다만 인간의 눈과 카메라에서 보이는 방식은 다릅니다. 사실 가장 어려운 것은 밀리파 레이더의 시뮬레이션입니다. 밀리파는 항공기에도 사용되고 있어서 안개나 빗속에서도 멀리 볼 수가 있죠. 다만 그것은 조건이 좋은 공간에서 그렇다는 것이고, 터널이나 빌딩숲 같은 곳들에서는 밀리파가 몇 번이고 반사를 반복합니다. 또 시간적 지체로 반사되는 파에 강약이 생기는 경우도 있습니다. 그런데 어디까지의 반사를 보면 괜찮은지에 대해서는 아직 기준이 없습니다. 라이다는 복사기 같아서 노면을 스캔해 입체적이고 폭넓게 자동차 4구석을 보는 것은 잘 합니다. 또 적외광선이라 광량이 적은 야간이라도 문제가 없습니다. 다만 반대로 너무 지나치게 잘 보는 경향이 있을 정도인데, 예를 들면 비에 젖은 노면에 비친 차량 모습 같은 것도 본다는 것이죠. 한편으로 노면포장 재료의 반사특성이 흰 선의 반사특성에 가까우면 육안으로는 보이는 흰 선이 라이다에서는 보이지 않는 경우도 있습니다. 각각의 상황에 따라 잘 하는 점이 있고 부족한 점이 있는데 그런 것들을 충실하게 재현시키는 어려움이 있는 것이죠. 그런 환경을 실제로 측량하고 이론화한 다음, 3가지를 함께 시뮬레이션할 수 있도록 하는 것이 DIVP의 목표라 할 수 있겠죠」

SIP 제2기가 내세운 큰 콘셉트가 사이버 공간과 피지컬 공간의 융합이다. 지금 소사이어트 5.0이나 DX, VR 같은 말이 많이 들리는데, DIVP에서는 현실적 공간을 사이버 공간에서 재현할 수 있도록 시험하고 있다.

「사이버에서 하면 자동차 메이커는 반드시 그것이 실제와 정말로 맞는지를 묻습니다. 그래서 가장 먼저 실제 데이터를 확실히 확보합니다. 실제공간의 생생한 데이터를 측량해 데이터화한 다음, 그것을 바탕으로 시뮬레이션하는 사이클을 돌리는 것이죠. 시뮬레이션은 예측이 아니라 피지컬과의 일치성을 확보한 상태에서 어떤 일이 일어날지 시나리오를 만든 다음, 가설을 세워서 검증한다는 점이 DIVP의 특징입니다. 그렇기 때문에 현재의 리얼한 환경, 예를 들면 오다이바(台場)나 수도고속도로 등, 계절과 날씨, 시간 등 여러 조건에 따라 변화하는 다양한 데이터를 수집합니다. 예를 들면 겨울철에 수도고속도로 4호선에서 내려와 중앙고속도로로 진입하면 태양 위치가 낮기 때문에 역광이 됩니다. 또 전방에 알루미늄 패널로 덮은 트럭이 달리고 있으면 밀리파가 난반사하게 됩니다. 그런 데이터를 리얼한 환경에서 확보해 오는 겁니다」

그렇게 각각의 장단점이 있는 가시광, 적외선, 전자 센서를 융합(fusion)하는 시뮬레이션 실험은 아직 세계적으로도 사례가 드물기 때문에, 일본이 시작해 세계표준에 공헌할 수 있기를 목표로 하고 있다고 한다. 마지막으로 시미즈씨는 앞으로의 전망에 대해 들려주었다.

「카메라만 사용하는 또는 밀리파 레이더만 사용하는 단독 방식 기술은 지금까지 일본에서도 잘 해왔습니다. 그것이 앞으로 몇 년 안에 '시뮬레이션에서 여기까지 가능하다니'하는 정도로 상상 이상의 성과가 만들어지고 있습니다. 우리의 목적은 자율주행을 세상에 내보내는 것이죠. 세세한 노하우를 학계의 협력을 바탕으로 이론화하고, 실제 환경을 측량하면서 데이터를 수집하고, 거기에 기초해 사이버 공간을 만들어 시뮬레이션하는, 이런 것들을 세트로 센서적으로 융합할 수 있다면 전 세계 자동차 메이커들이 사용하기 쉬운 툴이 만들어지는 겁

라이다 시뮬레이션 결과

라이다 시뮬레이션에서는 고정밀도를 보증하면서 고속화를 실현. 일치성이 높은 시뮬레이션이 가능하다.

가상CG를 사용한 성능평가

실제 교통환경의 카메라 시뮬레이션용으로 사이버 공간에 재현된 오다이바 구낙. 실제 태양광의 움직임 등, 실제 환경과 비슷한 빛의 재현이 가능하다. 실내 및 실외의 맑은 날씨에서 일치성 검증을 실시하면 20% 정도의 오차에 그친다. 이 정도는 대개 실제기기의 편차와 동등한 수준이기 때문에 카메라 성능평가에 대한 유효성이 확인되고 있다.

유로NCAP 재현

성능 시험장(Proving Ground)에서의 실험계측을 통해 유로NCAP의「차량 그림자에서 뛰어나오는 상황」 재현에 착수. 도로형상을 비롯해 교통참가자의 배치와 움직임을 설정할 수 있어서 임의의 교통환경 구성이 가능하다.

니다. 미국이든 유럽이든 각각의 환경 데이터가 있으면 이 툴을 통해 간단히 시뮬레이터가 가능하다는 뜻입니다. 현재 상태는 국제표준 대부분을 유럽이 장악하고 있는데, 이것을 일본의 새로운 무기로 만드는 것이 목표입니다. 국제표준이 되면 어느 정도는 노하우를 공개해야 하기 때문에, 어디까지 공개하고 어디를 비공개로 할지를 지적재산 전문가가 참여해서 이미 거듭해서 검토 중입니다. 이것을 계기로 자동차 산업계에 있어서 일본이 다시 세계를 견인해 나가는 입장으로 올라서기를 기대해 봅니다」

PROFILE

SIP 프로그램 디렉터

구즈마키 신고(葛卷 淸吾) 씨

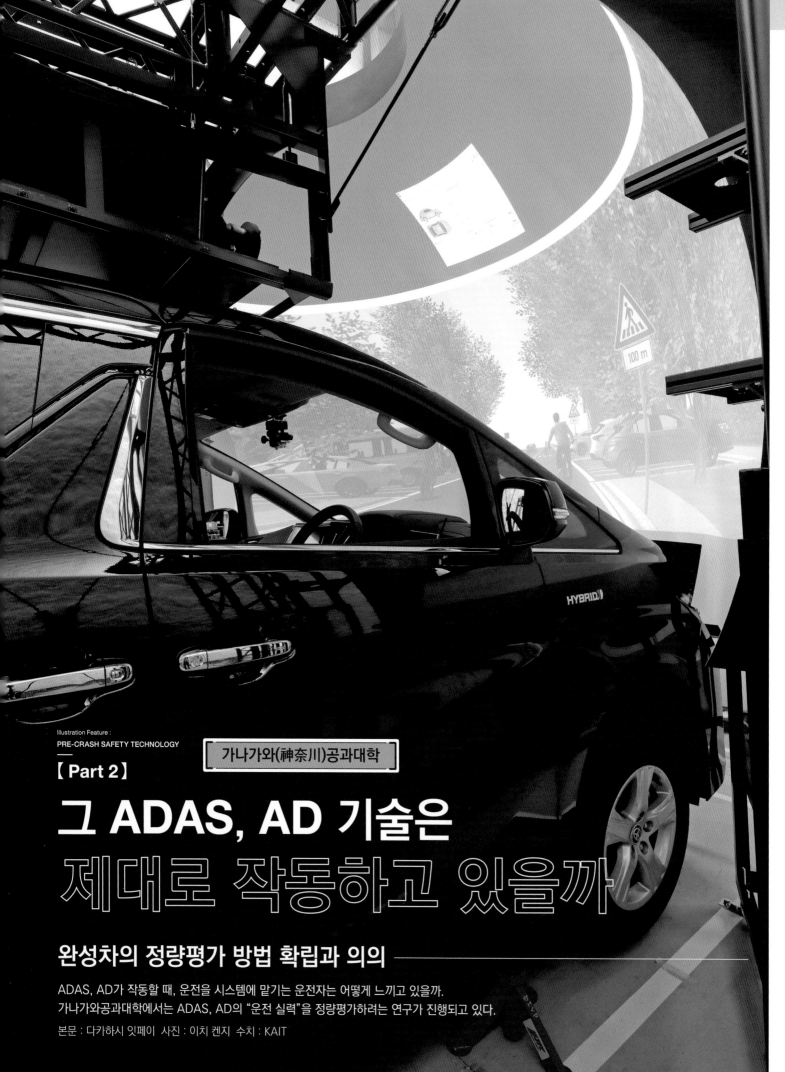

가나가와(神奈川)공과대학

【 Part 2 】

그 ADAS, AD 기술은
제대로 작동하고 있을까

완성차의 정량평가 방법 확립과 의의

ADAS, AD가 작동할 때, 운전을 시스템에 맡기는 운전자는 어떻게 느끼고 있을까.
가나가와공과대학에서는 ADAS, AD의 "운전 실력"을 정량평가하려는 연구가 진행되고 있다.

본문 : 다카하시 잇페이 사진 : 이치 켄지 수치 : KAIT

시뮬레이터 활용법을 탐색

SIP의 DIVP 프로젝트에서 가나가와공과대학이 개발을 맡은 스크린 투영 타입 시뮬레이터. 기본적으로는 완성차량에 탑재되는 실제 카메라가 가진 인식능력을 차량 상태 그대로 정량적으로 평가하기 위한 것이지만, 역광을 재현할 정도의 광량이 기대되지 않는 등 그 능력에 한계가 있기 때문에, 어떤 조건(시나리오)까지 정도면 시뮬레이터를 유효하게 활용할 수 있을지 검증할 목적으로도 사용된다.

← 총체적으로 검증하기 위해서는 카메라도 모델화할 필요가 있다. 오른쪽 사진은 모델화를 위한 실험 장치로서, 좌측에 있는 PC에서 시뮬레이션 환경 상의 카메라 출력을 흉내낸 다음, CSI(Camera Serial Interface)를 통해 우측의 이미지 프로세서 기판으로 전송한다.

「인간은 속일 수 있어도 카메라를 속일 수는 없다」

카메라를 통해서 본 풍경이 어떻게 비치는지 정확하게 모른다. 여기에는 놀라지 않을 수 없었다.

가나가와공과대학에서는 ADAS와 AD(자율주행, Autonomous Driving)에 대한 실차 평가방법을 연구하고 있다.※ 이것을 담당하는 사람은 동 대학의 이노우에 교수로, 앞글에서도 자세히 소개했듯이 SIP의 DIVP 프로젝트에 있어서 핵심 멤버이기도 하다. 그래서 이번 취재는 SIP의 DIVP 프로젝트에 대한 해설을 들어보는 것부터 시작했다. DIVP 프로젝트에 대한 상세한 것은 앞글을 참조하기 바라고, 여기서는 카메라에 대한 궁금증을 조금 파들어가 볼 생각이다.

ADAS와 AD의 작동영역 확대에 있어서 애로사항 가운데 하나였던 것이 차량용도의 카메라가 갖는 성능이었다. 근래에는 IT계열이나 반도체 관련 기업 같이 자동차 분야 이외의 기업에 의해 AI(인공지능)를 이용한 자율주행 기술 발표가 이어지고 있다. 그로 인해 「운전이라는 행위를 즐기는 것도 이제 얼마 안 남았다」는 논조가 마치 확정된 사실인 것 마냥 회자되고 있지만, AI

※ 「ADAS와 AD의 실차 평가방법 연구」은 오토맥스와 토요타 테크니컬 디벨로프먼트의 지원을 받는 공동연구.
DIVP 프로젝트는 SIP 제2기 「자율주행」의 관리법인인 신에너지·산업기술 종합개발기구로부터 가나가와공과대학이 의뢰 받은 사업이다.

ADAS와 AD 완성차 일반도로 평가

▶ 기본 개념
- 인간·운전자 교체도
- 평가용 시트

▶ SW조작 등의 운전부하, 안전성
- 주관평가, SW조작 실수 빈도(조향 작업률 & 작업량)

▶ 교체상태의 안심감, 이해 편리성
- 전방시점 상황 데이터, 인디케이터 확인 빈도

▶ 원래성능, 성능한계
- 코스유지 성능 데이터(카메라 흰 선 인식을 통한 횡방향 변동량, 조향 각도 변동)
- 조향토크(코스유지 반력 토크, LPD 제어유지 토크), 조향각
- 수동제어(override) 시의 차량거동과 안심감
- 코너 트레이스 유지성능의 한계 판단

▶ 총괄
- ●●●●●차(On/Off 개념의 이해 편리성 vs 차량거동의 혼란)
- ●●●●●차(연속적 수동제어 가능)
- 차량의 개념 차이

(우측: KAII ADAS 公道評価シート — 평가시트 표)

↑ 실험에 이용된 평가시트. 테스트 드라이버를 맡은 것은 자동차 메이커에서의 차량평가 경험을 가진, 가나가와 공과대학 자동차공학센터의 오리구치씨. 기본성능에 대해서는 물론이고 표시는 보기 편한지 등등의 부분까지 항목이 다양하다.

완성차를 일반도로에서 평가

위 평가는 2대의 수입차를 이용해 ADAS와 AD의 평가실험 결과를 총괄한 것이다. 라인 추종성이나 차선변경 시의 스티어링 조작, 부드러운 가감속이나 타이밍 같은 "운전 스킬"에 해당하는 항목 외에, 시스템이 작동하는 중에 운전자가 조작을 수동제어했을 때의 거동이나 ADAS와 AD의 ON/OFF 조작 편리성 등과 같이 운전자 쪽의 사용편리성이나 느낌을 테스트 드라이버를 통해 관능평가 방법을 중심으로 정리하겠다는 시도이다.

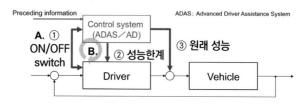

Preceding information

A. ①
ON/OFF
switch

Control system
(ADAS／AD)

B. ② 성능한계

Driver

③ 원래 성능

Vehicle

ADAS: Advanced Driver Assistance System

← 현재의 ADAS와 AD 시스템에서는 시스템으로부터 운전자한테로 운전조작이 돌아오는 상황도 적지 않다. 이 교체상태에서의 시스템 움직임이 새로운 운전부하를 만들어내는 경우가 있다고 한다.

를 포함해서 컴퓨터 기술이 자율주행을 실현(더구나 이런 논조가 시사하는 것은 무인 상태의 완전자율주행이다)할 충분한 능력을 (만약) 이미 갖췄다 하더라도 지금은 아직 카메라 능력이 그것을 뒷받침할 만큼 충분하지 않다는 것이 현실이다.

여기서 말하는 카메라 능력이란 해상도를 말한다. 자율주행에는 최소한 8MP(Mega Pixel)이 필요하지만, 일반적인 양산 자동차에 채택할 수 있는 차량용도의 카메라 모듈이 실현되려면 몇 년 후가 될 것으로 예상된다(2020년 12월 시점). 차량용도의 카메라 모듈은 자동차용 전자부품의 신뢰성 시험기준(AEC=Automotive Electronics Council에 의한 규격 등)을 통과해야 한다(여기에 가격적인 요건도 중요). 이것은 카메라 모듈에서 포착한 화상처리 이미지 프로세서로 불리는 SoC(System on Chip)도 마찬가지이다. 반도체 성능에 가장 크게 영향을 끼치는 온도와 진동조건에 노출되는 속에서, 안정적인 작동을 보증하는 한편으로 영상이라고 하는 방대한 정보를 실시간으로 처리할 수 있는 수준의 퍼포먼스를 확보하는 일

실험을 통해 드러난 성능

평가실험은 기본적으로 일반도로를 중심으로 이루어지지만, 스티어링에 상당한 크기의 장치를 필요로 하는 조향력 계측 등에서는 테스트 코스가 이용된다. 또 일반도 로라도 주행에 지장이 없는(법적으로 문제가 없는) 수준에서 계측기를 탑재. 그 가운데 하나가 우측에서 볼 수 있듯이 아이 트래킹(시선 추적) 시스템으로, 여기서 얻은 데이터는 시스템 작동 중에 운전자가 느끼는 불안의 존재를 뒷받침하는 흥미로운 것이었다.

  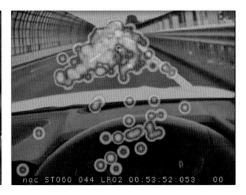

운전자의 심리상태를 보여주는 시선분포

시스템에 운전조작을 맡기고 있는 운전자의 시선을, 계측기를 이용해 점군으로 나타낸 것. 조작상태가 걱정이 돼서 디스플레이를 자주 확인하는 것은 공통이지만, HUD탑재 차량(우측 2장 사진)은 더 많은 점이 앞쪽에 집중되어 있음을 알 수 있다.

섀시가 가진 특성노 크게 영향

ADAS와 AD 시스템에서는 전방감시 카메라에서 얻은 정보를 바탕으로 주행차선을 형성하는 흰 선 안을 유지하도록 제어한다. 섀시가 가진 특성이 직진성에 뛰어나면 제어로 인한 수정도 최저 한이면 되겠지만, 직진성에 크게 영향을 끼치는 트레일 양은 제 어성에도 영향을 준다는 사실도 잊어서는 안 된다.

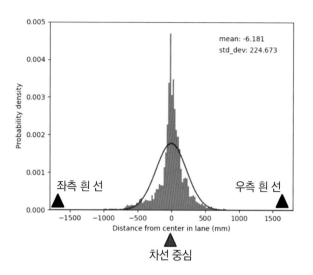
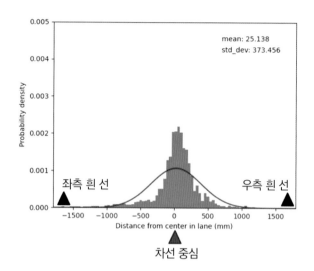

추종성에도 각 차량의 개성이 나타난다.

주행 중의 차선 내 위치(가로 축)를 빈도(세로 축)로 나타낸 그래프. 위는 차선 중심 부근을 비교적 충실하게 따라가는 차량의 그래프, 아래는 약간 흔들흔들 하는 거동을 보인 차량의 그래프.

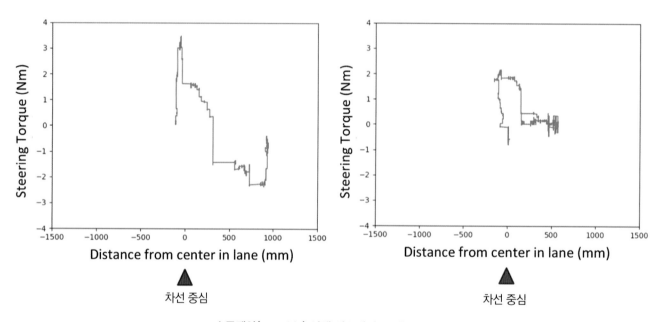

수동제어(override) 시에 시스템이 보이는 거동

시스템 작동 중에 운전자가 핸들을 돌리려고 했을 때 조작 토크를 계측한 그래프. 그래프는 둘 다 수입차를 테스트한 것으로, 왼쪽 차량은 운전자의 입력을 상당히 받아들이려 했음이 날카롭게 솟은 선에 나타나 있다.

도 결코 쉬운 일은 아니다.

이렇게 카메라 능력이 부족하다는 사실까지는 알고 있었지만(그것도 해상도에 한정된 이야기이지만), 카메라로 본 풍경이 어떻게 비치는지를 정확하게 모른다는 것은 부족한 능력이 어느 정도로 부족한지를

확실히 모른다는 의미이다. 카메라 능력의 문제는 훨씬 뿌리가 깊었던 것이다.

「센서의 약점을 분명히 함으로써 개선하고 안전을 보장하는 쪽으로 이어가겠다는 것이 목적입니다」(이노우에교수)

물론 카메라 화상은 모니터링되면 실제

로 볼 수 있을 뿐만 아니라, 이미지 프로세서를 통한 인식 상태도 확인할 수는 있다. 그런데 그것을 모른다는 것이 어떤 뜻일까 하고 생각할지도 모르지만, 여기서 말하는 카메라 능력이란 역광 상태나 야간주행 등과 같이 카메라의 약점이 노출되는 극단적

조건을 가리키는 것이다. 이런 극단적 조건에서 일어날 수 있는 사실과 현상, 패턴을 모두 검증할 수 있는지 또 파악할 수 있는지를 따졌을 때 하지 못했다는 것이다. 검증하려고 해도 툴조차 없었던 것이다.

모든 사실과 현상 및 시나리오를 총망라해 검증해서 문제가 될 수 있는 조건을 밝혀낸 다음, 그것을 정량적으로 평가하는 일은 실제 차량을 통한 주행실험에서는 불가능하다고 생각해도 틀리지 않다. 시나리오 수가 너무 방대할 뿐만 아니라 시시각각 표정을 바꾸는 날씨나 일조 조건 같은 현실 환경에서는 재현성을 확보할 수 없기 때문이다. 그래서 이용하는 것이 시뮬레이션 시스템이다.

지금은 시뮬레이션 시스템이 귀하지 않지만, 사실은 카메라를 검증할 만한 수준의 것이 존재하지 않았다. 최근에 게임 등에서도 볼 수 있는 빛 반사나 그림자 같은 생생한 그래픽은 보기에 현실감이 넘치기는 하지만, 빛의 반사나 그림자를 그럴듯하게 그려넣은 것에 지나지 않는다. 광원(光源)의 존재를 상정해 반사나 그림자 방향을 갖추고는 있지만 결코 정확한 것은 아니다.

「인간은 속일 수 있어도 카메라를 속일 수는 없습니다」(이노우에교수)

낮 동안의 야외에는 광원으로 태양이 존재하고, 그것을 기점으로 하는 광선에 의해 일어나는 것이 반사이고 그림자이다. 태양의 위치와 광량 그리고 반사나 그림자를 정확하게 재현하지 않으면 카메라는 검증하지 못한다. 그 때문에 DIVP에서는 일조상태를 시뮬레이션하는 하늘환경 모델로부터 구축한다. 요는 카메라와 센서가 감지하는 빛(광선)의 움직임을 재현하는데 특화되어 있다는 것이다. "초현실적"인 시뮬레이션 시스템이다.

물론 가상환경에서는 정확하게 빛을 비춰도 이것을 디스플레이에 표시 또는 스크린에 투영하게 되면 이번에는 각각의 표시 능력이 장벽으로 작용해 정확한 재현이 되지 않는다. 예를 들면 역광을 재현하려고 해도 디스플레이나 (스크린에 투영하는)프로젝트 빔은 광량이 부족하다. 그래서 카메라도 모델화해 가상환경에 넣는다. 모델화한 카메라의 출력을 CSI(Camera Serial Interface)로 빼내 실제기기인 이미지 프로세서에 입력하는 것도 가능하다(73페이지 사진참조). 이미지 프로세서는 정보를 추출하기 위해서 다양한 화상을 처리하는데, 이 처리는 말하자면 방대한 화상정보를 간소화하는 것으로서, 거기에는 버려지는 정보도 틀림없이 있을 것이다. 어떻게 보이는지를 알기 위해서는 이미지 프로세서의 움직임도 세트로 검증할 필요가 있는 것이다.

덧붙이자면 72~73페이지에서 소개한 곡면 타입의 스크린을 이용한 시뮬레이터도 DIVP 프로젝트의 일부로서(스크린 상에 표시되는 화상은 일반적인 시뮬레이션 시스템의 화상이지 DIVP 화상이 아니다), 이것들의 목적은 시뮬레이터 자체의 평가 능력을 탐색하는데 있는 것 같다. 카메라도 모델화하는 이후의 방법과 비교함으로써 이런 스크린 투영 타입의 검증이 어디까지 유효한지, 이쪽도 명확하게 하려는 것이다.

원래 카메라는 자동차 분야 기술이 아니라 가전제품 분야 쪽 기술이다. 지금까지의 카메라 성능과 관련된 이야기는 그런 근본적 태생이 바탕에 깔려 있는 것이다. 하지만 어떤 의미에서는 그런 어려운 토대 위에서 실험과 개량을 반복해가며 ADAS와 AD 기술을 현실의 제품으로 만들어낸 엔지니어의 노고가 미루어 짐작이 간다.

「정말로 열심히 하고 있다고 생각합니다. 돌이켜 보면 기준도 없는 상태에서 말이죠」(이노우에교수)

운전지원이 새로운 운전부담으로 작용할 수도 있다… 이런 인식 하에 이노우에 교수는 ADAS와 AD를 실차에서 평가하는 방법도 연구진행 중이다. 각 자동차마다 많이 다른 ADAS와 AD의 작동품질, 시스템 작동 중의 운전자 심리상태 등, 앞에서 소개했듯이 이쪽도 매우 흥미로운 분야였다.

(PROFILE)

가나가와 공과 대학
창조공학부 자동차 시스템개발 공학과교수
선진 자동차연구소 소장
자동차공학센터장

이노우에 히데오
(井上 秀雄)

NISSAN New Technology Details

기술의 닛산 Next

닛산은 자동차 메이커 가운데서도 일찍 전동화와 지능화에 대비해 왔다.
100% EV인 리프나 독자적인 전동화 기술인 e-파워 그리고 앞으로의 자율주행에
기여할 프로파일럿 2.0의 개발을 통해 「기술의 닛산」을 자랑해 왔다.

최근 몇 년 동안 자본 논리나 경영 혼란으로 인해 토대가 많이 흔들리고 있다.
그런 속에서도 위기적 상황을 타개할 준비는 착실히 준비해 왔다.
2020년 이후, 신세대 100% 전기자동차인 「아리야」를 내세워 기술의 닛산 부활을
위한 반전공세를 강화하고 있다.

전동화·선진운전 기술지원에 있어서 닛산은 기술 최전선을 달리고 있다.
신세대 전기자동차 아리야에 투입된 최신기술은 어떤 기술일까.
이번 특집에서는 닛산의 각 기술영역을 이끌고 있는 중요 인물들에게 2030년의
닛산이 지향해야 할 「기술의 닛산 Next」에 대해 들어보았다.

사진 : 야마가미 히로야

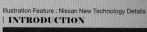

앞으로의 연합 차세대 닛산자동차의 모습

르노·닛산 연합에 미쓰비시 자동차를 합쳐서 통계를 내보면 현재 전 세계 판매대수 상으로 연간 1000만대를 넘는 거대 그룹이다.

그런 속에서 닛산은 프로파일럿, e-파워, EV 그리고 GT-R까지 실로 독창적이고 도전적인 기술과 상품들을 확보하고 있다.

차세대 닛산은 과연 어떤 상품들을 전 세계에 보여줄까.

아사미 다카오 (浅見孝雄)

닛산자동차 주식회사
얼라이언스SVP
전무집행임원
연구·선행기술 개발과

인터뷰&본문 : 마키노 시게오 사진 : 야마가미 히로야 수치 : 닛산

아리야(ARIYA)

2021년에 판매한 중형급 SUV
의 BEV(배터리 전기자동차). 구
동방식은 2WD와 4WD, 배터
리 탑재량은 65kWh와 90kWh
등이 있다. 사진은 프로토타입
이지만 시판차량의 스타일링과
거의 비슷하다.

마키노(이하 M) : 먼저 르노와의 관계입니다. 르노·닛산 얼라이언스(이하 RNA)가 탄생한 이후 이미 20년이 지났습니다. 기업경영 방법 및 이념을 표현하는데 있어서 시너지(Synergy=상승효과)라는 단어를 사용한 것이 일본에서는 RNA가 처음이지 않나 생각되는 데요. 역사나 문화가 서로 다른 프랑스와 일본 기업이 과연 제대로 갈 수 있을까 하는 우려가 저한테도 있었습니다. 그런데 세월과 시행착오가 거듭되면서 현재는 상당히 좋은 수준까지 온 것으로 보입니다. 아사미씨가 기술·상품개발 측면에서 본 RNA의 현재 상태를 채점한다면 몇 점이나 주시겠습니까? 연합 효과를 통해 닛산이 최초에 계획했던 것에 대해 어느 정도까지 충족되었을까요? 100점 만점으로 채점해봐 주시죠. 달리 말씀드리면 이상적인 것을 100으로 했을 때의 진척상황이라도 상관없습니다.

아사미 : 자본을 제휴할 당시에 계획했던 얼라이언스 효과를 보자면 반 정도, 즉 50점 정도까지는 달성한 상태라고 하겠네요. 서로의 재무정보를 분석하지 않으면 효과를 판단하기 어렵기는 하지만, 공통화해야 할 부분은 구매를 포함해서 일체화했습니다. 차량 플랫폼

"지능화"도 확실하게 진행해야죠.
이미 로드맵은 그리고 있습니다.

프로파일럿

한정적이지만 고속도로 상에서의 「핸드프리 운전」을 실현한 프로파일럿은 현재의 2.0에 그치지는 않는다. 앞으로도 진화를 거듭하는 동시에 탑재할 차종은 순차적으로 확대될 것으로 예상된다. 이 분야에서 닛산은 「요구에 따른다」가 아니라 수요를 만들어 나가고 있다.

도 공유가 진행 중입니다. 기술측면에서도 공유하는 영역이 많아졌고요. 자율주행 기술은 완전히 공유하고 있습니다. 새로운 기술개발 자원 영역은 반 정도 공유하고 있다고 생각합니다.

M : 그렇습니까. 지금까지 아직 반 정도군요. 전에 밝힌 사업구조 개혁 계획인 「닛산 넥스트(Nissan Next)」에서 플랫폼뿐만 아니라 어퍼 보디, 즉 「상부구조물」의 공통화를 언급하고 있던데요, 이것이 실현되면 조금 더 점수를 쌓아올리게 되는 겁니까?

아사미 : 닛산과 르노가 전면적으로 어퍼 보디를 공유하는 것은 무리입니다. 하지만 더 명확하게 단계를 거치는 길은 있습니다. 고객 시점에서 그다지 감각적이지 않은 부분, 예를 들면 도어 패널이나 필러의 골격 같은 곳은 설계를 같이 할 수 있죠. 어퍼 보디 같은 구조물을 더 제대로 공유하려는 소통이 과거에는 충분하지 않았던 것이 사실입니다. 그런 점도 제가 50점으로 채점한 이유입니다.

M : 어디까지 르노와 공통으로 할 것인지, 결론은 영원히 안 나올지도 모르겠군요. 계속해서 새로운 기술이 등장하고 새로운 모델이 만들어지고 있지 않습니까. 아마도 결론이 나려고 해도 멈춰 서서 생각하면 또 다른 방법론이 나오는 것은 아닐까 하는 생각이 드네요. 밖에서 보기에 그렇다는 겁니다.

아사미 : 상대와 상담하지 않고 자신이 그린 계획대로만 행동하는 것이 서로에게 편하죠. 하지만 어느 정도 강제력을 갖고 무리하게라도 공통화해야 할 부분도 있습니다.

M : 자본을 제휴할 당시에 제가 프랑스 미디어 기자로부터 이런 이야기를 들었던 적이 있었습니다. 「프랑스 사람은 구멍을 잘 파니까 주의해야 할 겁니다」라는 말이었습니다.

아사미 : 그것은 개인의 이야기겠죠(웃음). 공동 작업을 못 하는 것은 아닙니다. 실제로 다이내믹 퍼포먼스 영역에서는 서로가 이해할 수 있는 부분까지 와 있습니다. 르노와 닛산의 다이내믹스에 대한 철학이나 전략은 분명 다릅니다. 하지만 저 자신은 기본사양이 같더라고 각각이 의도하는 특성을 중시한 세팅은 가능할 것으로 봅니다.

M : 르노의 개발진으로부터도 「소통이 훨씬 더 좋아졌다」고 듣고 있습니다. 일본과 유럽은 자동차에 대한 견해나 일상에서 사용하는 속도영역이 다르죠. 그런 배경에는 민족성이나 역사, 기후풍토 같은 움직일 수 없는 전통적 요소가 많이 있다고 생각합니다. 그런데 RNA가 탄생하고 나서 그런 효과를 양쪽이 최대한으로 얻으려고 하는 의지가 있고 결국 실용화는 어퍼 보디로 진화하려고 한다, 거기서 의의를 찾지 않으면 안 된다는 결단 하에 자신이 없으면 입으로 실행을 언급하지 않았을 거라 생각합니다.

아사미 : 무리하게 맞추려고 하다보면 실패할 수 있습니다. 반면에 같이 하지 않아도 좋다면 시너지는 만들어지지 않죠. 기본적으로 같이 할 수 있는 것은 같이 하겠다는 겁니다. 서로 소통해 가면서 잘 이해하려고 합니다. 당연한 말이지만요.

M : 전에 발표된 「닛산 넥스트」를 보면 「수익을 확보하는 착실

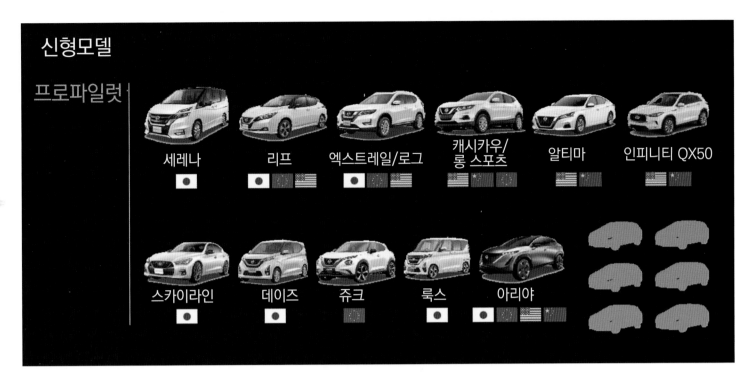

신형모델

프로파일럿

세레나 | 리프 | 엑스트레일/로그 | 캐시카우/롱 스포츠 | 알티마 | 인피니티 QX50

스카이라인 | 데이즈 | 쥬크 | 룩스 | 아리야

일렉트리피케이션(전동화)

2023년도까지 8차종 이상의 BEV를 세계 시장에 투입할 계획이라고 발표. 동시에 직렬 하이브리드 e-파워도 세계시장의 B 및 C세그먼트로 확대한다. 이를 통해 전동화 모델은 연간 100만대 이상의 양산체제를 갖추게 된다.

한 성장」, 「사업의 질과 재무기반의 강화」, 「닛산다움으로의 복귀」를 사업목표로 내세웠더군요. 그런 속에서 「최적화」와 「선택과 집중」의 균형을 이루겠다고 했는데, 그렇다면 상품은 어떻게 되는 겁니까. 저 자신의 관심이나 일반 고객의 기대도 거기에 있거든요. 그래서 상품개발 경향에 대해 듣고 싶습니다. 먼저 전동화·지능화인데요, 「리프」는 어느새 판매한지 10년이 넘었습니다. 「프로파일럿」의 요소기술 개발에 대해 제가 취재한 지도 10년이 넘은 셈이네요. 착실히 진행되고 있다는 인상을 갖고 있기는 합니다만.

아사미 : 짧은 기간 동안의 진척을 보자면 EV는 리프를 통해, e-파워는 노트를 통해 각각 세상에 나오게 되었습니다. 프로파일럿은 세레나부터 시작되었고요. 이런 것들은 계획한 대로 된 것입니다. 또 시간 축을 미래로 늘려서 길게 봐도 애초의 방침대로 진행 중입니다. 제가 총 연구소장이 된 2009년 전의 회사 내에서는 전동화와 지능화를 신기술의 양대 축으로 삼고 거기에만 자원을 집중해왔었습니다.

M : 예전 이야기입니다만 저는 티노 하이브리드에 상당한 매력을 느꼈습니다. 프리우스의 운전성능과는 전혀 다른, 제대로 달리는 자동차였죠. 그런 티노 하이브리드를 양산시작품 정도의 대수에서 중단하고는 닛산은 BEV(배터리 전기자동차)로 개발 방향을 바꿔버렸습니다. 그렇다고 갑작스러운 BEV로의 전환은 아니고 여러 가지

포석이 있다고 들었습니다. 계속해서 취재해온 저로서는 20년 동안의 일이 떠오르네요.

아사미 : 그렇습니다. EV로 전환하기 전에도 다양한 전동화를 시도했었죠.

M : 직렬 하이브리드인 e-파워는 사내에서도 크게 이해되지 않았던 것 같던데요.

아사미 : 개발예산이 한정적이어서 지혜를 사용할 수밖에 없었죠. 직렬 하이브리드 같은 메인 스트림을 개발하던 경쟁회사들보다 앞서나가 압승하겠다는 독불장군 식의, 아니 의지가 강했다고 표현하는 것이 맞겠네요. 시작단계에서 사내에서 몇 번이고 시승회를 열어 e 파워를 인정받고 난 뒤에는 빠르게 진행되었습니다. 개발진도 힘을 쏟아 부었고, 마케팅 쪽이나 다른 부서도 다 같이 열심이었습니다.

M : 지능화에 있어서는 분명히 2001년 무렵이었다고 생각됩니다만, 아사미씨가 IT(정보통신)부문 개발부에 있었을 때 「컴퓨터는 OS 버전을 간단히 높일 수 있습니다. 자동차도, 예를 들어 비콘 아래를 통과할 때 새로운 데이터를 받아서는 다음에 엔진 시동을 걸었을 때 리콜 대응이나 버전 업이 되는 것도 가능하지 않겠습니까」하고 제가 질문했던 적이 있습니다. 「물론 가능하죠」하고 대답하셨는데, 자율주행뿐만 아니라 그런 지능화도 모두 현실적으로 다가오겠

죠? 20년 만에 또 질문하게 되네요.

아사미 : 지금 대답도 마찬가지입니다. 다만 그런 경우에, 예를 들면「어느 날, 갑자기 브레이크 성능이 바뀌었다」,「그렇게 맘대로 해도 괜찮을까」하는 문제가 남죠. 차량 인증을 어떻게 할 것이냐는 점도 해결할 필요가 있고, 지능화도 앞으로 판매할 모델에서는 확실히 진행됩니다.

M : 닛산 입장에서는 중요한 사항이라는 거군요.

아사미 : 네, 그렇습니다. 전체 차종에 같은 기능을 전 세계적으로 동시에 적용할 수는 없습니다만, 몇 년이 지난 시점에서는 로드 맵대로 진행되고 있을 것이라고 보시면 될 겁니다.

M : 그리고 개인적으로는 직렬 하이브리드야말로 주류가 될 수 있을 것이라고 생각합니다. 자동차 안에서 전기를 만들고 바로 사용한

다, 플러그인이 아니라 플러그 아웃, 전지는 최대한 없지 않는 것이 좋다, 이것이 결론입니다.

아사미 : 동의합니다. 다만 실태를 보자면 개발량이 문제입니다. EV를 제대로 하면서 e-파워도 해야 하는 상황이고, 거기에 ICE(내연엔진)도 개발을 멈출 수는 없다는 것이죠. 사람에 따라서는「순수 ICE는 이제 필요 없지 않나?」하는 주장도 있습니다. 하지만 아직도 시장에서는 압도적으로 ICE가 많기 때문에 내일 당장 그만두지는 못하죠. ICE나 EV, e-파워를 적절히 하면서 그것이 각 지역에서 브랜드는 닛산이나 인피니티, 닷선으로 나가기 때문에 3×3×지역이 되는 셈이죠. 어떻게 효율적으로 개발을 진행할 것이냐, 그것이 현재의 과제입니다.

M : 그 ICE 말씀인데요, 지역별로 보면 북미시장은 3.5ℓ의 V6

내연엔진

닛산은 양산 엔진으로는 세계 최초로 가변압축비 엔진을 실용화했다(좌). 밸브 타이밍을 가변으로 하는 것이 아니라 기계적인 용적비를 가변으로 하는 시스템을 채택. 슈퍼차저를 장착한 가솔린 직접분사 엔진(우)은 보급형 B세그먼트 차에 탑재되고 있다.

엔진이 팔립니다. 거기에 HEV(하이브리드 자동차)나 e-파워를 집어넣어 싸울 수 있을까요.

아사미 : 향후의 희망이기는 합니다만 닛산으로서는 북미도 e-파워로 제패할 수 없을까 하는 고민이 있습니다. 거기에는 토잉(보트나 캠핑 카 등의 견인)을 위한 출력이 필요합니다. 고속순항 연비도 요구되고, 게다가 가격도 싸야 합니다. 그런 속에서 우리는 이익을 거둬야 하는 것이죠. e-파워를 넓은 세그먼트 상품으로 판매하기 위해서는 원가절감이나 스펙 향상이 필요한데, 그러기 위해서는 신기술 투입이 필수입니다. 통상적인 HEV를 이길 수 있는 코스트 퍼포먼스를 달성하지 못하면 ICE를 대체할 수 없는 것이죠. 그리고 어느새 열효율이 40%나 되는 ICE가 평범한 수준입니다. SIP(전략적 혁신창조 프로그램) 연구에서는 50%도 가능하죠. HEV는 그런 ICE의 기

술을 사용할 수 있습니다. e-파워의 발전엔진으로서는 더 좋아질 수도 있고요.

M : 각 지역의 규제동향까지 감안한 상태에서의 예측으로서 여러 조사회사의 데이터를 종합해 보면, 2030년 시점에서도 전 세계의 70% 이상은 어떤 식으로든 ICE를 장착한다는 겁니다. 닛산은 조금 더 전동 파워트레인 비율이 높아지겠죠?

아사미 : 그렇습니다. 현재 말씀하신 비율보다도 닛산은 전동 파워트레인 비율이 높아질 것으로 생각합니다. 기술이 미래를 만드는 측면도 있기 때문에 그것도 기탄없는 논의 가운데 하나이죠. 막대한 연구개발과 설비를 투자하고 현재도 막대한 양의 ICE를 생산하고 있습니다. 손을 빼는 순간에 시장에서 이겨내기는 힘듭니다. 우리의 과제는 라이프 사이클로 봤을 때의 CO_2 배출까지 포함해 ICE로부터의

전향이 가능한, 즉 미래로 이어지는 기술력을 가격이나 전지 성능을 포함해서 착실히 높여나가는 것이라고 생각합니다.

M : 전동화에서는 희토류를 중심으로 한 자원문제가 얽혀 있습니다. 또 생산 능력과 가격도 문제인데요. 가격은 LCA(Life Cycle Assement)시점에서 봐야한다고 생각합니다.

아사미 : 세계 각지에서 전동화를 진행한다면 전지는 역시나 현지생산 및 현지소비가 아닐까요. 차량 생산국에서 전지를 조달하는 문제, 거기에 자원 측면에서는 NMC(니켈, 망간, 코발트) 문제도 있습니다. 이들 자원은 지속가능하지 않습니다. 또 다음 세대가 LFP(인산철 리튬)일지 또는 그 다음 세대인 전고체일지도 중요하죠. 어디로 언제 옮겨갈지, 어떤 서플라이 체인으로 바뀔지도 그렇고요. 전 세계의 동종 업체는 모두 고민하고 있을 겁니다. 공급업체가 많이 있다고 해서「사면되지 않느냐」고 생각할 수도 있습니다. 어느 순간에서 보면 그럴 수도 있지만 전지는 진화하죠. 동시에 전지를 제조하는 단계에서는 막대한 에너지를 사용해 CO_2도 발생합니다. 정말로 EV가 ICE를 탑재한 차량보다 환경에 부담을 덜 주느냐는 논쟁도 여전히 남습니다. 그런 것을 생각하는 것은 차량을 공급하는 우리의 책임이기도 하죠. 전지에 대해서는 앞으로의 사업이 보이는 순간에 어떤 파트너와 협력해 갈 것인지를 생각하면서 진행해야 하는 상황입니다.

M : 그 기술과 관련된 정보수집이 중요하겠군요. 동시에 기술을 감정하는 것도 중요할 것 같습니다.

아사미 : 그 점은 중요하게 의식하고 있습니다. 중국은 물론이고 미국과 유럽에서도 말이죠. 다만 조사만 해서는 의미가 없기 때문에 파트너십을 맺거나 투자를 하는 식으로 협력하려고 합니다. 전지기술이 크게 진화하지 않는다면 현재의 서플라이어 가운데서 최적으로 조달하는 정도로도 충분하지만, 기술은 언제 어떻게 바뀔지 모르니까요. 결국 전지도 마찬가지로 재료를 채굴하는 순간부터, 전지를 제조하는 과정은 물론이고 자동차에 충전하는 전기를 만드는 단계에서의 CO_2, 폐차할 때의 CO_2 또 배터리 수명이 길어지면 자동차 수명보다 오래가므로 그것을 다른 자동차에 사용할지, 고정용 배터리로 사용할지, 만약 사용하지 못한다면 코어만 분리해서 다음 배터리의 CO_2를 낮추는 등등, 자동차에 장착하기 전과 폐차된 후까지도 생각해야 하는 것이죠. 이것을 사업적으로 돌릴 수 있는 밸류 체인도 구축할 필요가 있습니다.

M : 또 전동화와 마찬가지로 세계적으로 MaaS(Mobility as a Service)가 화제가 되고 있습니다. 개인적으로는 해외 사례에 일본이 일일이 신경 쓰는 것이 바람직할까 하는 생각이 있습니다만, 자율주행과의 관련성도 있으므로 의견을 듣고 싶습니다.

아사미 : 당연한 말이지만 닛산도 검토 중입니다. 지역마다 요구하는 사항이나 제약조건도 다르기 때문에, 세계적으로 이것이 MaaS다라고 말하기는 쉽지 않습니다. 유럽이나 일본 전국 단위로만 따져도 너무 큽니다. 더 작은 지역으로 생각해야 하는 것이죠. 왜 검토 중이라고 말씀드리느냐면, 사회적 차원의 필요성이나 개인적인 필요성이 어떤 것인지를 파악하는데도 시행착오가 필요하기 때문입니다. 필요성이라고 해도 사람의 이동성이나 물건의 배송, 최근에는 배달 같은 것도 있습니다. 어떤 이동성에 대해 우리가 제공할 수 있는 솔루션 어떤 것들이냐는 점을 실증실험을 통해 검토하고 있습니다.

M : 자동차 메이커의 일이 어디까지 확장될지 궁금해질 정도로 영역이 넓어졌습니다. MaaS는 말하자면 도시의 그라운드 디자인이라 지역 전체가 움직이지 않으면 성립하지 않죠. 동시에 거기서도 LCA 시점이 필요하다고 생각합니다.

아사미 : 우리가 자동차를 제공하고는 있지만 모빌리티 전체적 문제는 지자체 수준으로 발상을 접근시켜서, 그 지역의 산업이나 주민생활이 좋아지도록 제안하지 않는 한 접목하기 힘들다고 생각합니다. EV 같으면 충전·방전의 효율, 충전 인프라는 어떻게 되어 있는지, 그 도시의 산업이 농업인지 공업인지 또는 전기를 만드는 산업인지 말이죠. 그런 점을 생각해야만 하고 또 재활용한 전지를 그 도시에서 제대로 사용할 수 있는지, 자율주행은 어떤 경로의 수요가 높은지 등등, 종래의 자동차 메이커 틀로는 더 이상 대응하기가 힘듭니다. 도시 교통이나 에너지 전체상에 관한 비전이 필요하다고 봅니다.

M : 닛산의 상품 이야기를 듣고 싶습니다. 이미 공표한 새 모델의 로드맵에서는 조만간 12차종을 시장에 투입한다는 것이었습니다. 이것은 닛산으로서 각 카테고리나 기술 어필이 주안점인지 아니면 시장에 대한 적용이 우선인지, 어느 쪽일까요?

아사미 : 어필의 기회이기도 하지만 시장 요구에 대한 적용이 우선입니다. 12차종 전부에 대한 상세한 것은 발표하지 않았지만, 소형차부터 대형차 또는 가격이 조금 비싼 차부터 합리적인 차까지 분포되어 있고 또 카테고리도 SUV나 승용차 등 다양한 모델들이 준비되어 있죠. 지역별 대응 모델까지 의식한 라인업입니다.

M : 그런데 전에 발표한 바에 따르면 차량 플랫폼은 더 집약되었던데요.

아사미 : 그렇습니다, 12차종을 선보일 수 있었던 가장 큰 요인은 플랫폼이죠. CMF-B, CFM-C 또는 CFM-EV라고 부르는데, 얼라이언스의 대중 플랫폼이나 CMF(Common Module Family)를 계속해서 내놓을 겁니다. 이것들은 새로운 플랫폼으로만 할 수 있는 상

품이죠. 아리야의 기능이 전 차종에 적용되는 것은 아니지만, 적용 가능한 CMF를 투입한 자동차에는 아리야에서 보여드린 것처럼 전동화가 됐든지 지능화 됐든지 간에 나름의 특징이 들어갑니다.

M : 닛산 넥스트의 발표 자료를 보면 집중할 세그먼트로 C세그먼트, D세그먼트, EV, 스포츠까지 4가지 영역이 명기되어 있더군요. 차량 플랫폼 개발은 르노가 A·B세그먼트를, 닛산이 C·D세그먼트를 각각 책임범위로 한다고 이해하면 될까요.

아사미 : 얼라이언스는 새로운 단계에 들어갔습니다. 모든 개발안건에 대해 르노와 닛산 어느 쪽이 책임을 갖는지, 즉 개발리더가 될지를 명확하게 정했습니다.

M : 또 한 가지, 닛산 넥스트의 발표 자료에는 「EV와 선진운전 지원기술의 리더를 지속」이라고 나와 있더군요. 이 양 분야에서는 닛산이 리더가 되어 RNA 안에서 개발 리더십을 갖는다는 의미입니까?

아사미 : 그대로입니다.

M : 리더 쪽 회사로 따라가는 쪽 개발진이 나가서 정보를 공유하는 식의 전개가 될까요.

아사미 : 그렇습니다. C·D세그먼트는 닛산이 리더이므로 르노에서 엔지니어가 오죠. 한 곳에 모이는 것을 우리 표현으로는 큰 방이라고 부르는데, 프랑스 쪽에서는 플래토라고 하더군요. 그런 식으로 의외로 원활하게 진행하고 있습니다.

M : 그런데 일본 국내의 마치 클래스나 A세그먼트차 정도면 유럽과는 별도의 기획으로 진행하는 것이 좋을 것도 같은데요.

아사미 : 사실은 그 부분도 관심을 갖고 있는 주제입니다. 리더·팔로어 제도를 도입한 상태에서 A세그먼트는 르노가 리더이죠. 그렇기는 하지만 양사의 희망을 전부 들어보고 합의 하에 만든다는 것입니다. 때문에 일본의 요건도 전부 반영하게 되고, 당연히 유럽 요건도 전부 들어갑니다. 이상을 말하자면 리더 쪽이 어떤 의미로 서플라이어가 되어 모두가 말하는 것을 전부 성립시킨 다음 팔로워에게 제공하는 식인데, 큰 도전임에는 분명합니다.

M : 어퍼 보디까지 공통영역을 넓혀야 한다면 더 큰 일이겠군요.

아사미 : 어퍼 보디는 각 지역마다 요건이 다르기 때문에 별도로 할 수밖에 없지만, 양사가 비슷하면서도 다른 것을 만들면 효율이 떨어지므로 선두주자가 다음 주자까지 생각해 가능한 공통화를 진

행해야 합니다. 그래서 기탄없는 논의를 하는 것이죠.

M : 르노 트윙고는 RR(리어 엔진·리어 드라이브)입니다.이 RR 플랫폼을 닛산에서 사용해야 한다면 어떨까요? 곤란할까요?

아사미 : 완전히 개인적인 의견입니다만, 어렵지 않을까 생각합니다. RR특유의 속성이 일본시장에서 소화될만한 요소가 있으면 괜찮겠지만…. A세그먼트 고객이 어떤 상품을 원하느냐에 따라 달라질 수는 있겠죠.

M : 자율주행 관련해서도 이미 앞서 가고 있는 닛산의 수비범위가 되었습니다.

아사미 : 지금까지 르노와 닛산 각각이 해온 테마입니다만, 계속해서 따로 하게 되면 나중에 조정할 것들이나 정보 교환할 것들이 엄청 많아질 겁니다. 자율주행 외에도 어느 한 쪽이 책임을 갖고 개발하는 것이 효율적인 부분이 많다고 생각합니다.

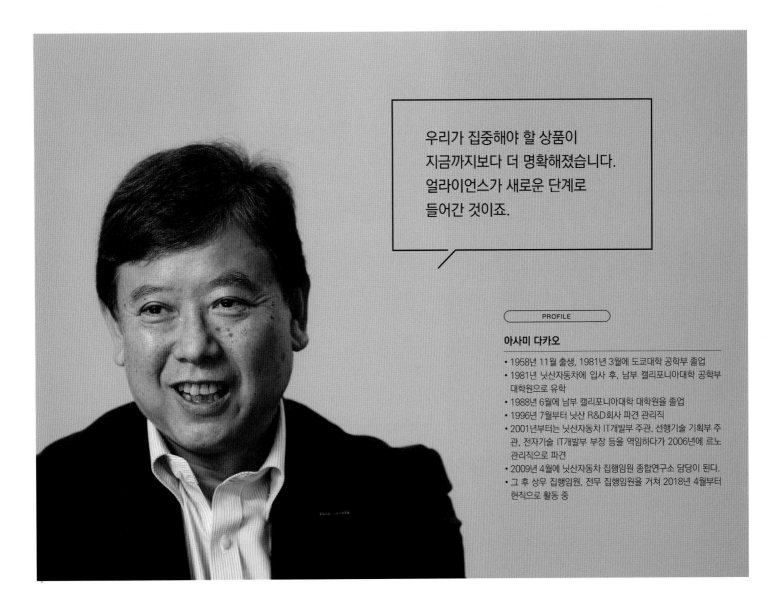

우리가 집중해야 할 상품이
지금까지보다 더 명확해졌습니다.
얼라이언스가 새로운 단계로
들어간 것이죠.

PROFILE

아사미 다카오

- 1958년 11월 출생, 1981년 3월에 도쿄대학 공학부 졸업
- 1981년 닛산자동차에 입사 후, 남부 캘리포니아대학 공학부 대학원으로 유학
- 1988년 6월에 남부 캘리포니아대학 대학원을 졸업
- 1996년 7월부터 닛산 R&D회사 파견 관리직
- 2001년부터는 닛산자동차 IT개발부 주관, 선행기술 기획부 주관, 전자기술 IT개발부 부장 등을 역임하다가 2006년에 르노 관리직으로 파견
- 2009년 4월에 닛산자동차 집행임원 종합연구소 담당이 된다.
- 그 후 상무 집행임원, 전무 집행임원을 거쳐 2018년 4월부터 현직으로 활동 중

[**After Interview**]   **1년 후 닛산에 대한 기대**

아사미 얼라이언스 SVP와 필자는 같은 해에 태어났다. 동시대를 같이 겪어온 동료인 것이다. 예전부터 몇 백 명이나 되는 국내외 자동차 메이커 임원을 인터뷰해 왔는데, 말의 억양이나 행간에서 저마다의 모습이 배어나온다. 필자가 아사미 SVP에게서 느낌 균형감각과 조용한 투지가 다음 세대 닛산자동차의 기본적인 캐릭터가 될 것으로 기대된다. 20여년에 걸친 RNA는 새로운 단계로 접어들었다. 기업으로서의 닛산과 르노 관계에서는 르노의 주주로 프랑스 정부가 이름을 올려놓은 관계부터, 때로는 정치적 의도까지 개입된다. 하지만 양사의 개발현장은 상상한 이상으로 협력관계가 밀접해졌다. 조직과 사람의 협조는 어렵다. 서로 간에 언어나 문화까지

다르다면 더욱 그렇다. 체내에 이물질이 들어온 것 같은 거부반응이 자연스럽게 양쪽에서 일어난다. 하지만 그런 가운데서도 서로를 존중하고 의기투합하는 개인들로부터 협조가 시작되고 그 관계가 확산되다가, 결국 하나의 조직 전체를 포함하는 분위기로 발전하면 융합이 시작된다. 1999년 4월 이후, 닛산과 르노 사이에는 그런 「좋은 관계」가 자주 보였다. 일본과 프랑스의 자동차문화 간 융합이 뭔가 새로운 가치관을 만들어가는 것 같은 느낌을 줄 정도였다. RNA가 불러오는 시너지는 앞으로부터라고 생각한다. 우선은 이제 막 등장한 아리야에 눈길이 간다.

인터뷰어 마키노 시게오

CHAPTER 1

Powertrain

새로운 단계의 전동화 기술이 자동차를 바꾸고 있다

양산차량 차원의 EV에 대한 신속한 대처로 e-파워를 응용해 전동구동기술에 대한 토대를 넓혀 온 닛산.
닛산이 다음으로 추진하는 것은 빠르고 뛰어난 정확도로 토크를 제어할 수 있는 전동구동기술의 가능성을 풀어내는 것이다.

본문 : 다카하시 잇페이 사진 : MFi, 닛산

닛산이 차세대 기술 전부를 적용한
아리야의 정체

2WD의 전후중량 배분은 51:49

해외 프리미엄 EV와 어깨를 나란히 하는 대용량 배터리 탑재와 그에 따른 주행거리 연장으로 주목받고 있는 아리야. 그런데 아리야의 파워트레인에서 진짜 주목해야 할 것은 모터제어 기술이다. 이것이 아리야를 특징짓는다고 해도 과언이 아니기 때문이다. 전륜구동으로서는 이례적으로 51:49라는 전후중량 배분도 전동제어이기에 가능했던 기술이다.

마치 프로토타입 같은 선진적 디자인에, 판매까지 1년이나 남겨둔 이례적 타이밍으로 발표된 닛산 아리야. 그러나 선진적인 것은 디자인만이 아니었다. 아니 오히려 기술적 내용이 더 "대단하다"고 해도 과언이 아니다. 이것이 이번 취재를 통해 아리야한테서 받은 인상이다. 아리야에 탑재된 기술은 차세대 EV의 실현으로 연결될 뿐만 아니라, 자동차 자체의 존재방식에도 큰 영향을 끼칠 가능성을 느끼게 해주었기 때문이다.

그 중에서도 쉽게 다가오는 사례가 중량배분이다. 아리야는 50:50의 전후 중량배분비율이라고 발표되었는데, 사실 이 중량배분은 AWD만의 비율이 아니라 90kWh 배터리를 탑재하는 전륜구동 차도 거의 비슷하다.

일반적으로 앞바퀴만 구동하는 FF의 비율은 60:40 정도로, 여기서 크게 벗어나지 않는다. 적어도 내연엔진을 탑재하는 자동차에서는 등판성능을 확보하기 위해 필수적인, 원칙 중의 원칙이라고 할 수도 있는 요소이다. 그런 중량배분에 대한 대원칙을 EV인 아리야에서 동력원인 전기모터의 장점을 최대한 끌어냄으로써 바꿔버린 것이다. 모터의 제어성능을 살려서, 타이어가 회전을 시작하는 순간부터 세밀하게 토크를 제어함으로써 지금까지의 중량배분 제약에 연연하지 않게 되었다. 그를 통해 경사가 심한 도로에서도 트랙션 확보가 가능해진 것이다.

아리야에는 새로 개발한 EV 플랫폼을 비롯해 업데이트된 프로파일럿이나 차량용 소프트웨어의 무선갱신을 가능하게 하는 OTA(Over The Air) 시스템, e-4ORCE라고 부르는 전자제어 AWD 그리고 신형 전동 파워트레인 등, 모든 부분에 차세대 기술이 투입되었다. 그런데 각각에 채택된 테크놀로지도 흥미롭지만 더욱 눈길이 가는 것은 그런 기술들이 어떻게 융합되어 있느냐는 점이다.

아리야가 지향하는 바는 내연엔진 자동차에서는 불가능하다고 여겨졌던 영역에 들어가 새로운 드라이빙 퍼포먼스의 문을 여는 것이다. 그것은 단순한 에코 카에 그치지 않고 동력성능 측면에서도 "재미있는" 자동차를 구현하는 것이다. 내연엔진 자동차를 대체할 수 있는 성능이나 특성의 확보를 목표로 삼아온 지금까지의 EV와 확연히 구별되는 존재로 태어난 것이다.

→ Motor & Battery

뛰어난 정숙성과 고효율을 실현하는 새로운 설계의 모터

아리야에서는 모터의 기본적 구성요소 가운데 하나인 "계자(界磁)"를 적극적으로 제어하기 위한 구조의 모터를 사용.
말하자면 모터의 "가변압축"이라고 할 수도 있는 이 메커니즘을 통해 전방위적으로 성능을 대폭 향상시킬 수 있다고 한다.

본문 : 다카하시 잇페이 사진 : MFi, 닛산, 르노

모터의 고회전·소형화를 통해 차량실내 공간을 대폭 확대

지금까지의 EM57형 모터 최고회전수가 11000rpm였다면 아리야에 사용된 모터는 최고회전수를 14000rpm까지 끌어올리는 한편으로 모터 장치의 소형화를 실현(기존 대비 −40%). HVAC(Heating Ventilation and Air Conditioning)을 모터 룸에 배치해 차량실내의 앞뒤 길이를 크게 확보하게 되었다.

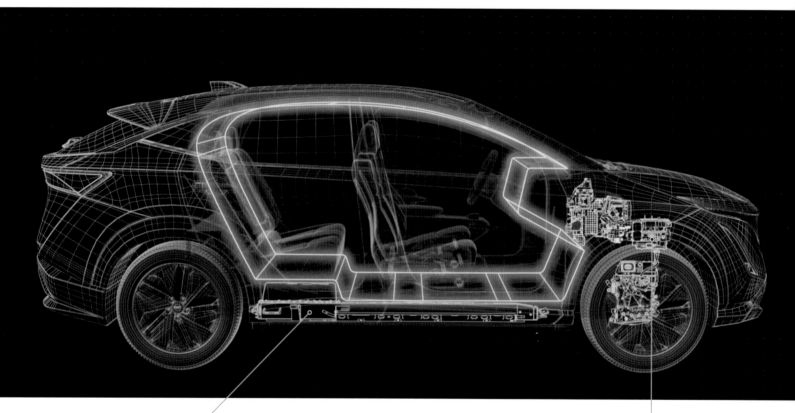

← EV 전용인 신형 플랫폼과 그에 기초해 새로 설계한 배터리 팩 양쪽을 조합함으로써 더 완전하게 평평한 바닥을 구현. 이를 통해 염원이라고 할 수 있는 냉각 기구를 장착. 배터리 팩의 총전압은 400V. AWD 모델에서는 50:50보다 아주 약간 뒷바퀴로 치우치는 중량배분을 보인다.

→ 배퍼레이터나 히터 코어, 블로우 팬 등으로 이루어진 HVAC를 모터 룸 쪽에 배치(위 그림의 노란색 부분). 인버터의 파워소자는 IGBT, 캐리어 주파수는 최대 10kHz. 리프가 2.5kHz와 5kHz를 2단으로 전환했던 것에 반해 아리야는 3단계로 제어한다.

「아리야는 C세그먼트 SUV임에도 불구하고 실내가 D세그먼트 정도로 넓습니다. 새로 개발한 모터가 아주 작아서 모터 룸 안에 에어컨 시스템(HVAC)을 넣을 수 있게 되었죠. 이렇게 센터 클러스터의 불룩한 부분이 없어져 차량실내 길이를 확보하게 된 것이 컸습니다. 배터리도 새로 개발했는데, 박형(높이 약 140mm) 배터리 팩을 바닥 한 면에 배치함으로써 (배터리 용량을 확대하면서도)거주성을 확보하는 평평한 바닥이 가능해졌죠. EV전용인 새 플랫폼에 각 요소를 최적의 레이아웃으로 배치한 결과라고 할 수 있습니다」(아리야 차량개발주관·나카지마씨).

지금까지 EM57형 일변도였던 모터가 드디어 새로워졌다. 고회전화(최고회전수 11000→14000rpm)와 소형화를 실현했다는 설명인데, 눈길이 가는 것은 그 구성이다. 출력밀도 향상과도 연결되는 소형화에는 거기서 증대되는 열이나 손실에 대한 대처 등이 필요하다.

닛산의 선택은 의외였다. EM57형과 똑같은 교류동기형이지만 로터에 영구자석을 사용하지 않는 "권선계자(捲線界磁)" 방법을 이용한 것이다. 그것은 이름에서도 알수 있듯이 로터에 전자석 역할을 하는 코일을 내장하고, 그를 통해 계자로 만드는 것이다. 로터에 영구자석을 내장하지 않는다는 의미에서 보면 유도모터와 비슷하다. 하지만 유도모터가 스테이터에서 발생하는 자력을 받아 로터의 도체에 전자유도 효과로 전류를 발생시키는데 반해, 권선계자에서는 로터 내의 코일에 외부로부터 전류를 직접 공급한 다음 이것을 전자석으로 이용한다. 그 때문에 브러시를 이용하는 슬립링 기구가 필요하다.

「확실히 드문 타입의 시스템이라고 생각합니다. 닛산이 다양한 기술을 개발하는 가운데 얼라이언스 관계에 있는 르노가 ZOE라고 하는 EV를 생산하고 있고, 그 차가 권선계자형 모터를 사용합니다. 그렇기 때문에 사용해본 경험은 이미 있는 것이죠. 필요가 없을 때는 계자전류를 끊고, 필요한 때에는 전류를 흘려 자력을 제어할 수 있습니다. 흔히 자석모터에서 말하는 약 계자전류 등이 필요 없어지고, 특히 고회전 쪽 효율이 매우 좋아집니다. 그리고 또 한 가지 이점으로는 소리진동도 매우 좋아진다는 겁니다. 예를 들면 토크가 그다지 필요하지 않는 시내주행 운전 패턴에서도 자석(계자형의) 모터는 항상 큰 자력을 발생하기 때문에 전자가진력에 의한 소리진동이 나타나지만, 권선계자형에서는 자력을 최적으로 제어할 수 있기 때문에 정숙성도 확보할 수 있는 것이죠. 브러시에 대해서도 적절한 재료와 구조를 이용하고 있고, ZOE에서의 경험까지 포함해 내구성에 대해서도 확인하고 있습니다」(파워트레인 주관·군지씨).

EV용 모터로 가장 일반적인 영구자석형 동기모터는 모터를 고회전으로 운전할 때 발생하는 역기전력을 억제하기 위해서 스테이터 쪽에서 영구자석의 계자를 해소하는 자력을 줄 필요가 있다. 이것이 "약계자"이다. 이것이 없으면 고회전까지 돌지 않아 운전영역이 한정적일 수밖에 없는데, 여기에는 당연히 전력소비가 수반된다. 권선계자를 이용하는 아리야 모터는 이 문제를 해소해, 고효율 영역이 "넓고 깊게"되어 있다. 때문에 고회전이 시원하게 도는 것이다. 물론 전달계통까지 포함해 손실은 철저하게 억제해, 허브 베어링부터 공력까지 철저히 가다듬은 결과 전력소비 비율(전비)을 크게 향상시켰다.

닛산사동차 주식회사
파워트레인·EV기술개발본부
파워트레인·EV프로젝트부
전동 파워트레인 프로젝트그룹
파워트레인 주관(EV)

군지 켄이치로

권선자계형 모터는 고회전 쪽 효율과
소리진동이 아주 좋아집니다.

조종안정성은 스포츠카 수준
SUV를 느끼게 하지 않는 핸들링입니다.

닛산자동차 주식회사
닛산 제1제품 개발본부
닛산 제일제품 개발부
제4프로젝트 총괄그룹
차량개발 주관

나카지마 히카루

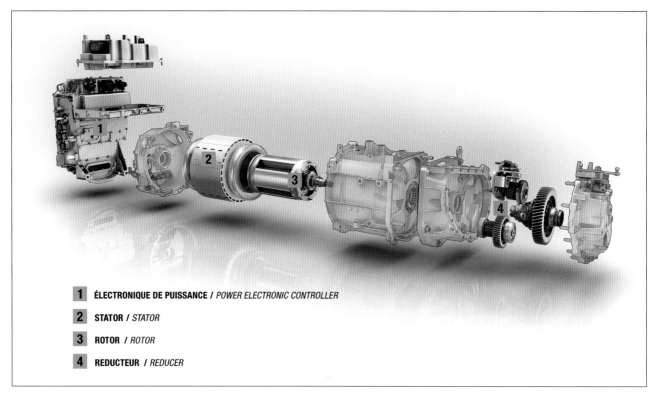

1 ÉLECTRONIQUE DE PUISSANCE / *POWER ELECTRONIC CONTROLLER*

2 STATOR / *STATOR*

3 ROTOR / *ROTOR*

4 REDUCTEUR / *REDUCER*

르노 ZOE로 경험을 쌓은 권선계자형 동기모터를 사용

로터 쪽에 코일(권선)을 사용한 권선계자형 동기모터는 차량구동용으로는 거의 전례가 없지만, 유일하게 르노의 ZOE에 사용한 적이 있다. 그 노하우를 살린 것이다(위 일러스트는 르노 ZOE의 파워트레인). 물론 아리야의 모터는 완전히 새로 설계한 것으로, 로터의 코일을 8세트(ZOE는 4세트)로 늘리는 한편, 출력밀도 향상에 대응할 수 있도록 오일 냉각 시스템을 적용했다.

주요제원(일본사양)	아리야(FWD)		아리야 e4ORCE(AWD)	
	65kHz	90kHz	65kHz	90kHz
	배터리탑재차량	배터리탑재차량	배터리탑재차량	배터리탑재차량
배터리 총전력량 ( )는 사용가능 전력량	65kHz (63kHz)	90kHz (87kHz)	65kHz (63kHz)	90kHz (87kHz)
최고출력	160kW	178kW	250kW	290kW
최대토크	300Nm	300Nm	560Nm	600Nm
가속성능(0-100km) (사내측정값)	7.5초	7.6초	5.4초	5.1초
최고속도	160km/h	160km/h	200km/h	200km/h
주행거리 (WLTC모드를 전제로 한 사내측정값)	최대 450km	최대 610km	최대 430km	최대 580km

⊙ **e-파워(새로운 전동 파워트레인)**

유익한 엔진을 능숙하게 사용

── 지향점은 NVH제로인 파워트레인 ──

기존 엔진과 모터를 사용해 완성한 직렬 하이브리드는 과도기적 존재였다.
하지만 시장은 호평을 하며 이것을 받아들인다. 엔지니어의 노림수는 정확했다. e-파워의 변천을 되돌아보겠다.

본문 : 세라 코타   수치 : 닛산   사진 : MFi

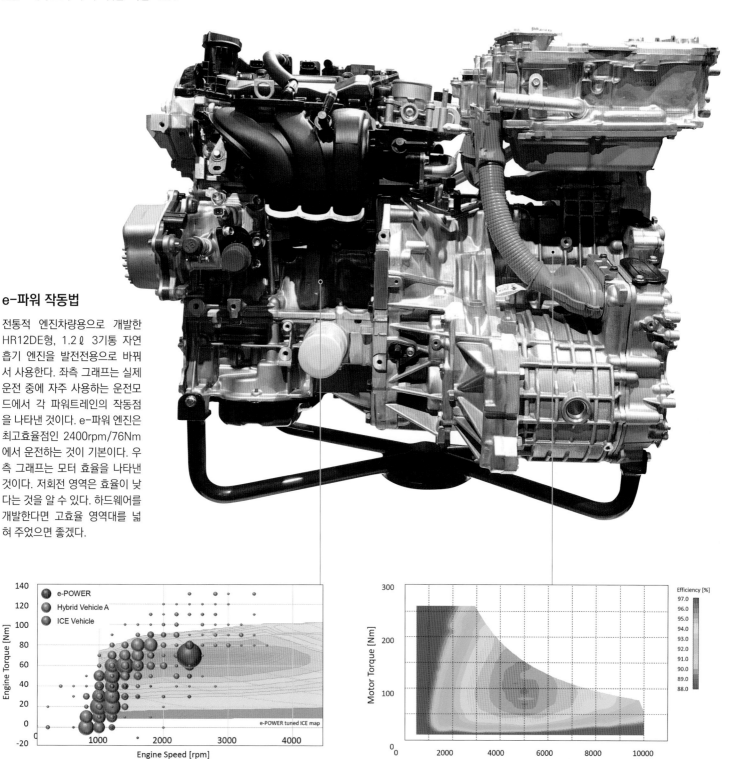

e-파워 작동법

전통적 엔진차량용으로 개발한 HR12DE형, 1.2ℓ 3기통 자연흡기 엔진을 발전전용으로 바꿔서 사용한다. 좌측 그래프는 실제 운전 중에 자주 사용하는 운전모드에서 각 파워트레인의 작동점을 나타낸 것이다. e-파워 엔진은 최고효율점인 2400rpm/76Nm에서 운전하는 것이 기본이다. 우측 그래프는 모터 효율을 나타낸 것이다. 저회전 영역은 효율이 낮다는 것을 알 수 있다. 하드웨어를 개발한다면 고효율 영역대를 넓혀 주었으면 좋겠다.

노트

세레나

킥스

e-파워를 탑재한 차량과 제원

노트에 탑재하면서부터 시작된 e-Power(직렬 하이브리드 시스템)를 사내에서는 「스텝0」라고 부른다. 세레나나 킥스에 탑재하는 e-파워는 모터나 엔진, 배터리의 스펙이 다르지만 하드웨어는 공통이기 때문에 역시나 스텝0이다. 하지만 제어 측면의 진화가 두드러져 「모델마다 그 시기에 도입할 수 있는 내용을 적용」하고 있다. 세레나에서는 최대로 EV주행을 하는 매너 모드나 충전을 우선하는 차지 모드를 채택했다.

축적된 기술을 능숙하게 사용한 하이브리드 기술의 빅 히트

「하이브리드가 필요하다」는 판매부서의 강력한 요청이 있었던 것은 사실이었고, 그것이 e-파워(e-Power)를 실용화하는 동기 가운데 한 가지였다고 한다. 판매현장에서는 하이브리드의 필요성을 뛰어넘어 「빨리」만들어 달라는 것이었다. 빨리 실용화하려면 기존 차종을 바탕으로 축적한 기술을 능숙하게 사용해 하이브리드 사양을 완성시킬 필요가 있었다.

사내에서의 이런 움직임 한편으로, 닛산은 2010년 12월에 판매한 리프를 잇는 전기자동차(EV) 개발에 착수했던 단계서부터 주행거리가 전기차 보급에 있어서 주요사항이 될 것이라는 사실을 인식하고 있었다. 그리고 그에 대한 대책으로 레인지 익스텐더 개발을 검토했다. 레인지 익스텐더는 발전용 엔진을 장착해 EV의 약점인 주행거리를 연장할 수 있는 시스템이다. 발전용 엔진을 장착한다는 점에서는 직렬 하이브리드와 똑같지만, 레인지 익스텐더는 EV주행이 기본이다. 전지가 다 사용되면 발전용 엔진을 가동해 발전한 전기로 달린다. 엔진은 어디까지나 긴급용이기 때문에 출력이 낮아서 레인지 익스텐더로 주행할 때의 성능은 빈약하다.

레인지 익스텐더 연구를 통해 기술 노하우를 축적했기 때문에 직렬 하이브리드를 개발하기로 결정했을 때, 제로에서 개발할 필요는 없었다. 병렬도 아니고 직렬·병렬도 아닌, 「하이브리드가 필요하다」고 해서 직렬 하이브리드를 선택한 것은 EV인 리프의 가교역이라는 사명을 가졌기 때문이다. 직렬 하이브리드, 즉 e-파워로 모터 구동의 매력을 느낀 뒤에는 최종적으로 EV로 바꿔서 타주기를 기대하는 심리가 있었던 것이다.

직렬 하이브리드가 엔진과 모터를 탑재한다는 점에서는 병렬 계통의 하이브리드와 똑같지만, 타이어에 동력을 전달하는 것은 모터일 뿐이고 엔진은 발전에만 이용한다는 것이 결정적인 차이이다. 동력을 만드는 에너지원은 가솔린으로, 긴급할 때는 가솔린을 사용하지만 외부에서 충전한 전기에너지로 달리는 것을 기본으로 하는 레인지 익스텐더와도 또 다르다.

판매방식도 독특하다. 직렬 하이브리드는 시종일관 모터 구동이기 때문에, 당연한 말이지만 시작차를 운전해 보면 EV처럼 반응이 좋고 조용하며, 가속력을 길게 느낄 수 있

차량	노트	노트 니스모	노트 니스모S	킥스	세라나
엔진 타입	HR12DE				
압축비	12				
엔진최대출력	58kW/5400rpm		61kW/6000rpm	60kW/6000rpm	62kW/6000rpm
엔진최대토크	103Nm/3600~5200rpm			103Nm/3600~5200rpm	103Nm/3600~5200rpm
모터 타입	EM57				
모터정격출력	70kW				
모터최대출력	80kW/3008~10000rpm		80kW/2985~8000rpm	95kW/4000~8992rpm	100kW
모터최대토크	254Nm/0~3008rpm		320Nm/0~2985rpm	260Nm/500~3008rpm	320Nm
최종기어비	7.399				
무게	1220~1230kg	1250kg		4290kg	1740~1780kg
길이	4100mm	4165mm		4290mm	4685/4770mm
너비	1695mm			1760mm	1695/1740mm
높이	1520mm	1535mm		1610mm	1865mm
휠베이스	2600mm			2620mm	2860mm
트랙 F/R	1480/1485mm	1470/1475mm		1520/1535mm	1485/1485mm

다는 점이 운전자의 마음을 사로잡았다. 타보면 기존 하이브리드와는 결정적으로 다른 점을 알 수 있다. e-파워를 탑재한 자동차를 「하이브리드」로 판매하면 기존 하이브리드의 이미지와 뒤섞일 우려가 있었기 때문에 「100% 모터 구동」으로 선전한다는 전략으로 나왔다. 노트 e-파워가 2016년 11월에 판매되자 대단한 선풍을 일으켰다. 「○○의 e-파워는 언제 나오나」하고 라인업 확대를 요구하는 목소리가 닛산으로 빗발친 것이다.

발전용 엔진은 2012년 8월에 모델 변경한 전통적인 엔진사양의 1.2ℓ 3기통을 전용. 여기에 구동모터와 발전기, 인버터를 조합해 엔진룸에 집어넣었다. 용량 1.47kWh의 리튬이온 배터리는 앞좌석 밑에 탑재해

거주성이나 트렁크 공간이 줄어들지 않도록 배려했다.

구동모터는 리프에 탑재된 것과 똑같은 EM75형으로, 80kW의 최고출력과 254Nm의 최대토크를 발휘한다. 발전기 출력은 55kW이다. 배터리 잔량이 충분하고 출력요구가 높지 않은 상황에서는 배터리에 저장된 에너지로만 모터를 구동해 달린다. 배터리 잔량이 일정 이하로 떨어지면 엔진을 가동시켜 발전기를 돌림으로써 거기서 만들어지는 전기 에너지를 배터리 경유로 구동모터에 보내 달린다. 출력요구가 높을 때는 엔진을 가동시켜 배터리 출력에 발전기 출력을 더해서 구동모터를 작동시킨다.

2018년 2월에는 미니밴 세레나에 e-파워를 추가했다(판매는 3월). 하드웨어 구

성은 노트 e-파워와 똑같지만 노트보다 500kg이나 무거운 차량중량에 대응하기 위해서 구동모터의 최고출력과 최대토크는 끌어올리고(100kW/320Nm), 엔진 최고출력을 높였으며(62kW), 배터리 용량을 늘렸다(1.8kWh). 무게중심 높이가 높은 세레나에서 노트와 똑같은 감속G를 내면 상부의 움직임이 커지기 때문에 탑승객에게 불쾌감을 주게 된다. 그렇게 되지 않도록 액셀러레이터 오프 때 감속 시키는 방법은 전용으로 튜닝했다. 또 노트 e-파워에서는 2400rpm뿐이었던 정점의 엔진회전을 세레나 e-파워에서는 2000rpm과 2400rpm 두 가지로 나누었다. 낮은 속도에서의 정숙성을 높이기 위해서이다.

2020년 7월에는 킥스 판매를 시작했

다. 이 소형SUV에 탑재된 파워트레인은 e-파워뿐이다. 생산거점인 태국에서는 같은 해 5월에 판매되기 시작해, e-파워 최초의 해외 판매로 기록되었다. EM57형 구동모터의 최고출력은 노트 e-파워 대비(이하 동일) +15kW인 95kW, 최대토크는 260Nm(+6Nm), 발전용 엔진의 출력은 60kW(+2kW)이다. 1.47kWh 배터리 용량은 변함이 없지만 출력은 14%가 향상되었다.

킥스 e-파워에는 시장에서 얻은 데이터를 제어 튜닝에 반영하고 있다. 예를 들면 운전자 데이터에서 판명된 빈도가 높은 가속 상황은 가능한 한 엔진이 걸리지 않도록 하고 EV주행 빈도를 높였다. 대신에 일단 엔진이 걸리면 ON이나 OFF를 반복하지 않고 잠깐 걸어둔 상태로 두면서 전기를 모아서 충전하도록 제어한다. 엔진의 시동 시작을 저회전화해 낮은 속도에서는 2000rpm에서 조용히 돌리고, 대략 50km/h를 넘어서 주행음이 커지면 최고효율점인 2400rpm으로 갖고 간다. 이 제어는 e-파워로부터 계승해 더 세련되게 만들었다.

소프트웨어 측면의 개량을 통해 EV다운 주행을 세련되게 가다듬은 한편으로, 다음 스텝을 위한 준비도 하고 있다. e-파워 개발에 관여하는 나카다 나오키는 다음처럼 설명한다.

「가지치기 모델을 늘려가기 위한 개발은 하고 있습니다. 닛산자동차는 세계 여러 지역에서 자동차를 팔고 있으니까요. 시장에 따라서 속도 영역이 다르고, 도로 사정도 다릅니다. 현재는 노트와 세레나, 킥스뿐이지만 기종을 확대해 나가려면 그런 운전자의 요청에 맞춰나갈 수밖에 없죠. 라인업 차원에서 크기가 다른 것도 고려하고 있습니다」

노트 e-파워를 개발할 때는 「빨리」라는 요청에 대응하는 측면도 있어서 기존 엔진을 발전용 엔진으로 고쳐 만든 감이 있다. 정점에서의 사용에 특화된 제원을 가진 엔진이 있다면 효율은 더 높아질 것이다.

「분명 HR12를 e-파워 전용으로 개발한

가지치기 모델을 늘리는 개발은 하고 있습니다.
크기가 다른 것도 고려중이죠.

닛산자동차 주식회사
파워트레인 EV기술개발본부
파워트레인 EV프로젝트 매니지먼트부서
e-파워 프로젝트 매니지먼트그룹
파워트레인 주관

나카다 나오키

배터리상태 별 EV주행가능 영역

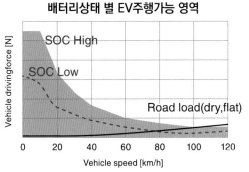

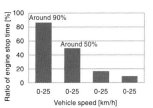

엔진구동 빈도

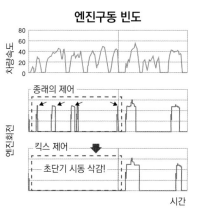

지금까지의 e-파워는 일본에서의 사용방법을 상정했기 때문에 저·중속 영역을 중시한 세팅이었다. 그 때문에 EV주행가능 영역이 저·중속 영역 쪽에 편중되어 있다. 그 영역에서는 엔진의 주장(소리)을 약하게 하려고 가능한 한 시동이 안 걸리도록 했다.

초기 e-파워는 배터리의 충전량을 중시했기 때문에 저속에서도 빈번하게 엔진 시동을 걸어 충전했지만, 킥스의 경우는 저속에서 최대한 발전을 하지 않는 제어를 적용해 모터구동 차량다운 정숙성을 추구했다.

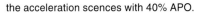

the acceleration scences with 40% APO.

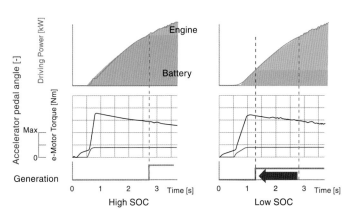

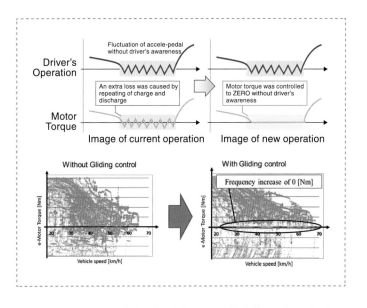

중간가속 성능을 SOC에 맡기면 SOC가 높을 때는 강한 가속, 낮을 때는 약한 가속이 되어 일관성이 없어진다. 그 때문에 SOC가 낮을 때 발전기가 출력을 발휘할 때까지의 지체를 감안한 제어에 맞춰서 세팅했다.

일정 속도로 주행 중에 액셀러레이터를 푸는 상황에서는 모터 토크를 제로로 하는 제어를 적용. 토크가 낮은 영역은 효율이 낮기 때문에 가능한 한 사용하지 않으려고 한다. 토크 제로를 통해 시내에서 주행할 때의 효율향상을 노렸다.

것은 아닙니다. 회사가 정말로 e-파워로 옮겨가려고 한다면 그런 방향성으로 옮겨가야 한다고 생각합니다. 하지만 전통적인 엔진도 같이 판매해야 한다면 이상을 쫓기가 쉽지 많은 않죠. 기술 추구와 제품화는 또 다른 차원이거든요」

현재 상태의 e-파워도 아직 세련되어야 할 여지가 남아 있다. 예를 들면 엔진차량과 달리 e-파워는 엔진 시동과 정지를 반복한다. 엔진이 멈춰 있는 시간이 길면 흡기시스템이 주변기기의 열을 받아 온도가 올라가면서 다음에 시동 때 차가워진 공기를 빨아들이지 못하게 된다. 이런 세세한 부분까지 꼼꼼하게 대응하는 것이 시스템의 세련도 상승으로 이어진다.

「e-파워가 전통적인 엔진보다 가격이나 성능 측면에서 더 상반관계가 있을지도 모릅니다. 그런 상반된 트레이드오프 성능을 높은 차원에서 조정할 수 있도록 노력해 나갈 여지가 아직 남아 있습니다」

운전자의 만족도를 높여나가는 것이 개발의 본질이라고 한다면, 다른 것에 의존하기 전에 아직 할 일이 있다는 뜻인 것 같다.

차세대 e-파워용 엔진

엔진형식	1.5ℓ / 3기통 / 터보과급
내경×행정(S/B비율)	79.7mm×100.2mm(1.26)
커넥팅로드 길이	150.3mm
압축비	13.5
최고출력 발휘 시 엔진회전수	4800rpm
밸브 트레인	롤러 로커(Roller Rocker)
연료분사/인젝터 위치	직접분사 / 중앙분사
터보차저	고정타입 터보차저

특종!!

차세대 e-파워 엔진의 모습

λ2.0 / 열효율 50%를 노리는 초고효율 기관

2020년 10월에 열린 유럽 최대의 자동차기술 관련 학회인 아헨 콜로키움에서
닛산이 차세대 e-파워전용 엔진에 관한 논문을 발표했다. 그 내용을 살펴보겠다.

본문 : 하타무라 고이치　사진 : 닛산

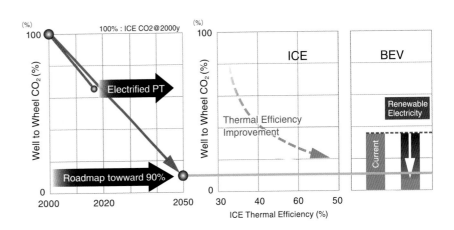

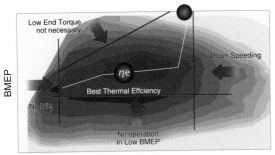

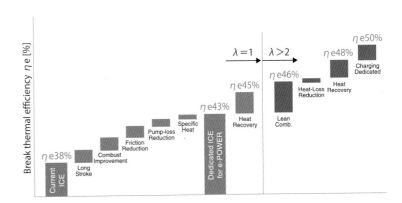

엔진과 타이어가 기계적으로 연결되지 않는 직렬 HEV 파워트레인은 그림처럼 엔진의 운전영역(부하·회전수)을 크게 좁혀서 한정할 수 있다. A:엔진을 정지시킨 모터주행이 가능하기 때문에, 아이들링과 저부하 운전이 필요 없다. B:충분한 모터 어시스트가 가능하기 때문에 저속·고토크와 고회전수도 필요 없다. 일반적인 스트롱HEV는 얇은 흰색 곡선과 같은 운전을 하지만, e-파워에서는 더 나아가 적색 원형의 최고 열효율 지점과 최고출력 지점 2지점으로 좁혀서 엔진 제원을 최적화한다.

앞의 2지점으로 좁혀서 삼원촉매를 사용할 수 있는 화학량론 연소로 열효율 43%를 달성하고, 더 나아가 배기에너지 회수 시스템을 추가해 최고 열효율 45%를 목표로 한다. 저속토크에 치우치지 않는 터보과급을 통해 80kW/ℓ의 고출력을 목표로 설정한다. 목표는 BEV와 동등한 Well to Wheel의 CO₂ 배출량을 달성하는 것이고, 향후에는 린번과 냉각손실 저감을 추가해 최고 열효율 50%를 목표로 한다.

"지속 가능한 이동성을 위한 닛산 e-파워 전용의 미래 내연기관 콘셉트"의 소개와 고찰

유럽은 고속주행이 많기 때문에 스트롱 하이브리드(HEV) 특히 직렬 HEV에는 소극적이었는데, 근 2~3년 사이에 AVL이나 FEV, IAV 같은 유럽 연구소가 "Dedicated(전용) Hybrid Engine"의 가능성에 대해 많은 기술개발 상황을 공개하고 있다. 48V 마일드 HEV전용이나 병렬 HEV전용 같은 것도 있지만, 대개는 직렬 HEV의 가능성에 대해 다룬다. 초고속 주행이 많은 차에는 디젤엔진으로 대응하고, 다른 차에는 모두 직렬 HEV가 필요하다는 판단일 것이다. 이런 판단을 내리기까지는 세계 최초의 직렬 HEV e-파워가 달성한 역할이 크다고 할 수 있다.

닛산도 유럽에 e-파워를 적극적으로 판매하겠다는 생각일 것이다. 논문에서는 e-파워의 장래에 대해 뜨겁게 언급하고 있다. 랭킨 사이클의 배기가스 에너지 회수장치까지 탑재해 직렬 HEV의 약점인 고속수행에서도 충분한 열효율을 발휘시킨다는 것이다. 장래에는 린번을 적용해 열효율 50%를 실현한다는 내용도 있다.

서론은 이 정도로 하고 구체적인 논문소개로 들어가 보겠다. 한편 직렬 HEV 전용엔진의 개념에 대해서는 예전 특집에서 다루었으므로, 상세히 알고 싶은 독자는 참고하기 바란다.

새로운 연소방식 "STARC"

연소는 "STARC(Strong Tumble and Appropriately stretched Robust ignition Channel)"로 명명한 텀블강화 포트&연소실과 고

에너지 점화시스템을 조합해 고(高)EGR 연소를 실현하고, 속은 SIP의 수퍼 린번엔진 자체이다. 자세한 것은 예전 특집을 참조하기 바란다. SIP 성과 외에, 가시화 엔진과 3D-CFD를 사용해 분석함으로써 흡기포트·피스톤과 연소실 형상·인젝터, 플러그 위치를 최적화한다.

SIP(전략적 혁신창조 프로그램)와의 차이는 인젝터를 측면에서 센터로 가져왔다는 점, 희박연소를 30%의 고(高)EGR 희석연소로 대체해 화학량론 연소로 했다는 점, 고(高)용적비에 따른 노킹 대책으로 실적이 없는 물 분사가 아니라 밀러 사이클을 이용한다는 점이다.

롱 스트로크+터보과급

3기통 1.5ℓ의 롱 스트로크 S/B비율 1.26과 용적비 13.5는 약간 아쉽다. SIP의 수퍼 린번은 S/B=1.7, 용적비 14~17이기 때문에 거기까지는 도전해야 했는데, 상식에 사로잡혀 버린 것이 유감스럽다. 다이렉트 구동에 애써왔던 닛산도 결국 롤러 팔로어(Roller Follower)를 채택한다. 흡기밸브 조기 폐쇄(EIVC)라고 하는 좁은 작용각 밸프 리프트를 적용하기 위해서는 어쩔 수 없었던 것일까. 센터 인젝션과 함께 실린더 헤드의 가공라인을 새로 설계한다고 한다. 닛산의 의지가 보이는 것 같다.

터보차저는 최고 열효율 점에 매칭시킨 것으로, 1.5ℓ 치고는 비교적 큰 터빈을 사용한다. 블로어도 이 운전영역에서 최고 효율을 보이는 것을 사용한 것이다.

높은 저속토크 요구가 없는 만큼, 이 설정으로 두 가지 운전 포인트를 최고 효율로 운전할 수 있다.

그 밖에 마찰손실 저감이나 연소제어에 대해서도 소개하는데, 지면 상 생략한다. 또 랭킨 사이클이라고 하는 익숙하지 않은 배열회수 시스템을 소개하지만, 자동차에서 실용화된 사례가 없는데다가 비싼 가격이 든다는 점을 감안하면 어디까지 의지가 있는지는 모르겠다. 화학량론에서 열효율 50%를 말하기 위해서 언급했다고 생각하는 것이 맞을 것 같다.

A/F=30에 점화

린번은 A/F가 25를 넘으면 안정된 급속연소를 하기 어렵다. 그 때문에 점화 플러그 주변을 연소가능한 A/F로 만드는 성층연소가 일부에서 실용화되었지만 플러그 주변의 A/F<30인 혼합기가 대량의 NOx를 만들어낸다. 그래서 A/F=30에서 안정연소를 하는 기술이 전 세계적으로 개발되고 있다. SIP에서는 A/F30인 균일 혼합기에서 수퍼 린번이 실현될 수 있다는 가능성을 제시했다. HCCI, 부실(副室) 제트연소도 가능성이 있다.

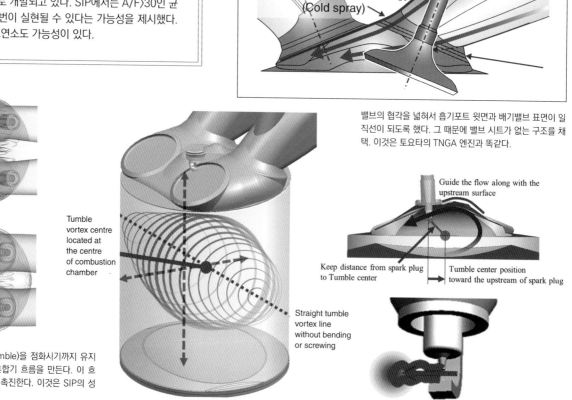

밸브의 협각을 넓혀서 흡기포트 윗면과 배기밸브 표면이 일직선이 되도록 했다. 그 때문에 밸브 시트가 없는 구조를 채택. 이것은 토요타의 TNGA 엔진과 똑같다.

흡기포트에서 생성된 강한 텀블(tumble)을 점화시기까지 유지해 플러그 갭에 강하고 안정적인 혼합기 흐름을 만든다. 이 흐름으로 불꽃이 길게 퍼져서 착화를 촉진한다. 이것은 SIP의 성과를 이용한 것이다.

열효율 45%에서 50%로 가는 여정

화학량론에서 열효율 45%를 달성한 엔진에 균일 린번을 적용했을 경우, A/F를 26(λ=1.8)까지 엷게 하면 열효율은 향상되지만 100ppm의 NOx를 배출한다. A/F30(λ=2)의 균일 린번이 실현되면 연소온도가 NOx를 생성하는 2000K를 넘지 않아서 NOx 촉매가 필요 없는 수준까지 배출량을 억제할 수 있지만, A/F>26에서는 연소안정성이 악화(COVIMEP가 증가)해 운전을 하지 못한다. 그래서 압축행정 후기에 소량의 연료를 분사해 플러그 주변을 연소가능한 A/F로 맞춰주면 평균 A/F>36(λ=2.5)에서 NOx 30ppm의 최고 열효율 46%의 운전이 가능하다.

배열회수를 추가하면 열효율 48%를 얻을 수 있도록 했다. 다만 NOx 30ppm에서는 고가의 NOx 촉매가 필요하다. 연소실 전체에서 A/F>30의 NOx 프리 희박연소를 실현하고 싶은 것이다.

남은 과제로는 배출가스 온도가 촉매 활성화에 충분하지 않을 가능성이 있으므로 실린더나 배기포트 외 다른 배기계통의 냉각손실(열방사)을 방지하는 것이 중요하다고 말하고 있다.

여기까지는 종래의 5kWh 이하(노트는 1.5kWh)의 배터리를 탑재하는 e-파워 전용엔진의 한계라는 점을 언급한 상태에서, 배터리 용량을 크게 늘린 차세대 e-파워는 더 운전영역을 좁힌 린번 전용엔진으로 열효율 50%를 실현한다고 강조한다. 다만 기술내용이 충분히 검증된 것이 아니라 설득력이 떨어질 정도로 애매하다.

마지막으로 강화되는 배출가스 규제에 대한 대응으로 e-파워의 장점을 소개하고 있다. 엔진운전 상태가 급격하게 변하는 과도운전을 피할 수 있어서 A/F와 점화시기 제어를 정밀하게 제어할 수 있다. 또 큰 배터리를 탑재해 충분한 출력의 EV주행이 가능하기 때문에, 엔진 워밍업 중에는 배출가스 온도가 높아서 소량의 배출가스만 나오는 워밍업에 최적인 엔진 작동이 가능하다.

더불어서 촉매온도가 올라가는 운전을 피할 수 있어서 촉매의 열화가 적고, 높은 정화성능을 계속 유지할 수 있다. 향후에는 전기가열 촉매(Electric Heating Catalyst)를 탑재해 배출가스 제로에 가까운 자동차를 실현하겠다는 계획이다.

과급+밀러 사이클

과급엔진에도 밀러 사이클이 보급되기 시작했다. 아우디와 VW이 실용화한 적정 규모화(Right Sizing)는 조기 폐쇄(EIVC)이다. 닛산의 1.2ℓ-S/C와 스카이액티브X는 지연 폐쇄(LIVC)를 사용한다. 원조 랄프 밀러의 디젤엔진은 EIVC이다. 필자가 개발한 마쯔다의 밀러 사이클은 LIVC였다. 과급압이 충분히 높은 터보과급은 EIVC, 회전수에 상관없이 체적효율이 변함없는 기계과급은 LIVC로 귀착되는 것 같다.

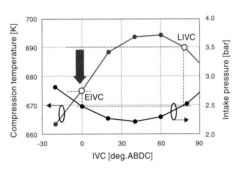

밀러 사이클은 3기통 1.2ℓ의 S/C엔진이 흡기밸브 지연 폐쇄(LIVC)를 사용하는데 반해 흡기밸브 조기 폐쇄(EIVC)를 사용한다. JLR의 새 엔진이나 VW의 밀러 사이클(라이트 사이징)도 EIVC를 사용하는데, 이 논문에서도 EIVC가 LIVC보다 압축온도를 낮추는 효과가 크다고 밝히고 있다. 텀블 강화포트에 의해 밸브의 흡기저항이 커지면 EIVC 쪽이 밀러 사이클 효과가 클 것이다. 또 EIVC의 고회전 체적효율이 떨어지는 단점도 터보과급으로 과급압을 높임으로써 보완할 수 있다.

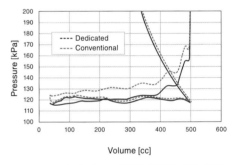

기존 터보와 이 전용터보를 사용했을 경우의 P-V선 그림이다. 최적으로 설정된 터보차저에서도 배기압이 흡기압보다 높아져 펌프 손실이 나고 있다. 팽창비율이 높은 밀러 사이클의 고(高)EGR연소 효과로 열효율이 좋아진 만큼 배출가스 온도가 내려가는 것이 원인이다. 터보차저를 잘 사용해 펌프 손실을 정상적으로 바꾸었으면 하는 지점이다. 린번으로 하면 배출가스 온도가 더 떨어지기 때문에, 열효율을 떨어뜨리지 않고 배출가스 에너지를 높이는 것은 앞으로의 린번 엔진이 풀어야 할 큰 과제이다. 배출가스 온도 저하는 촉매의 온도부족으로도 이어지는 문제이다.

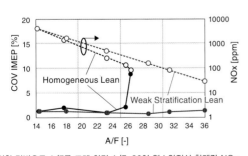

균일한 린번으로 A/F를 크게 하면 A/F=26이 연소안정성 한계라 NOx가 100ppm을 초과한다. 플러그 주변을 조금 진하게 하면 착화성이 개선되어 A/F=36에서 NOx가 30ppm인 운전을 할 수 있다.

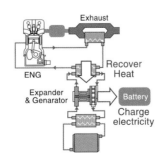

고출력 화학량론 연소에서는 배출가스 온도가 높기 때문에 배열회수가 유효하다. 닛산에서는 랭킨 사이클로 발전시켜서 이용하는 것을 검토 중이다. 주의 깊게 보면 VC-T 기구가 그려져 있는 것이 흥미롭다.

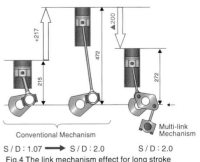

Fig.4 The link mechanism effect for long stroke

닛산은 VC-T 기구의 응용차원에서 초 롱 스트로크 엔진의 가능성에 대해 다른 문서로 공개했다. 이 기구를 사용하면 보닛 아래로 S/B비율 2.0 엔진이 들어갈 수 있다.

도시의 대기보다 깨끗한 배출가스를 배출하는 자동차(EV보다 청정)의 등장이 기대된다.

필자가 본 e-파워의 가능성

e-파워의 가능성에 대해 폭넓게 검토된 논문은 매우 흥미로웠다. 닛산 e-파워에 거는 열의에는 감동마저 느껴질 정도였지만 불충분한 점도 있다. 필자의 감상 몇 가지를 언급해 두겠다.

향후에는 배터리와 전기시스템의 가격, 질량이 내려갈 것이므로 HEV의 배터리 용량은 증가할 것이다. HEV 주행을 전기자동차(BEV) 같은 좋은 느낌의 주행에 근접시키려면 배터리 출력(용량)이 충분히 커져야 한다는 것이 포인트이다. 5kWh의 대형 배터리 탑재가 예상되기 때문에 연비와 배출가스 성능분만 아니라 달리는 재미를 더 향상시킬 것임에 틀림없다.

아우토반의 초고속 주행은 디젤엔진에 맡기고 일반적인 주행의 자동차는 e-파워 같은 직렬 HEV가 어떤 식으로든 주류가 될 것이다. HEV전용 엔진은 간소한 NA가 될 것이라고 생각했는데, 닛산의 주장으로 보건대 역시 터보과급으로 갈 것 같다. 생각해 보면 토요타가 중심이 되어 진행한 SIP 슈퍼 린번도 터보과급을 상정하고 있다. 높은 열효율을 달성하기 위해서는 높은 BMEP운전, 엷은 혼합기 연소(대량의 공기를 흡입), 펌프작업 감축(또는 이용), 소수 실린더에 의한 마찰손실 저감 등, 터보과급이 주는 장점은 적지 않다. HEV전용 엔진에서도 과급 다운사이징(밀러 사이클) 흐름은 변하지 않는다고 봐야 한다.

남는 과제는 냉각손실을 줄여서 열효율을 더 향상시키는 것과 배출가스 온도의 상승이다. 그 때문에 단열 코팅 등과 같은 기술이 개발되고 있지만, 확실한 것은 초(超)롱 스트로크의 채택이다. 닛산의

VC-T가 더 이상은 시대에 뒤처졌다고 소개한 적도 있지만, 반면에 가변을 멈추어도 이 기구의 피스톤 움직임이 사인 커브를 그린다는 점과 스러스트 힘이 거의 걸리지 않는 특성은 여전히 뛰어난 점이다. 상사점의 피스톤 움직임이 늦으면 등용도(等容度)가 높기 때문에 고용적비 엔진에서는 열효율이 올라간다. 1차 밸런서가 있는 3기통이라면 2차진동이 없어서 6기통같은 완전 균형을 이룬다. 나아가 앞 페이지의 우측하단 그림 같이 S/B비율 2.0의 초 롱 스트로크를 실현할 수 있기 때문에 냉각손실이 떨어져 열효율과 배출가스 온도가 높아진다.

한편 운전영역이 좁아지기 때문에 2스트로크 엔진을 채택할 가능성이 높다. 2스트로크는 매회전 연소이기 때문에 린연소에서도 충분한 토크가 나온다. 거기에 2스트로크 대향 피스톤엔진까지 가면 초 롱 스트로크의 고효율 무진동 엔진이 실현된다. 직렬 HEV전용 엔진의 궁극적인 모습이 이것이다. 캘리포니아의 아카테스 파워와 닛산이 공동으로 개발한다고 발표했으므로 기대하는 바가 크다.

처음에 설명했듯이 차세대 e-파워는 BEV로 가는 과도기적 존재로서 BEV와 동등한 유정에서 바퀴까지(Well to Wheel)의 CO_2 배출량 지향하지만, BEV의 CO_2 배출량 계산에는 전력평균 계수를 사용해 과소평가되어 있다. BEV의 충전수요 유무에 있어서 원자력발전이나 재생에너지는 발전량을 변화시키지 않고 화력발전이나 발전량을 조정한다. 화력발전의 CO_2 배출계수를 제대로 사용하면 현재 상태에서도 HEV 쪽이 BEV보다 실제로 CO_2 배출량이 적다. 향후에는 카본중립 연료(e퓨얼)를 사용하게 되기 때문에 과도기적으로가 아니라 앞으로도 HEV는 주요한 위치를 차지할 것이라고 토요타나 혼다 모두 당당히 주장할 수 있어야 한다. HEV는 자동차 기술전쟁에서 살아남기 위한 일본의 보물이기 때문이다.

 Variable compression ratio engine

꿈의 엔진 완성

── VC터보 ──

꿈의 기구·가변압축비. 자동차 탄생 이후 다양한 방법으로 시도되었지만 실현까지는 이르지 못했다.
거기에 홀연히 등장한 닛산 KR20DDET. 어떻게 가능했을까, 어떻게 만들어졌을까.

본문 : 세라 고타 사진 : 야마가미 히로야 수치 : 닛산

KR20DDET

실린더 배열	직렬4기통
배기량	1970~1997
내경×행정	84.0mm×88.9~90.1mm
압축비	8.0~14.0
흡기방식	터보차저
캠 배치	DOHC
흡기밸브/배기밸브 수	2/2
밸브 구동방식	직접구동
연료분사방식	PFI+DI
VVT/VVL	In-Ex/×

꿈의 엔진으로 불리는 가변 압축비

터보과급 가솔린엔진에서 연비와 출력을 양립시키려던 욕구가 1990년대부터 2000년 초까지의 감각으로는 완전히 꿈같은 이야기였다. 열효율을 높이기 위해서 용적비를 올린다고 해도 출력 향상을 위해서 터보과급을 선택한 순간, 바로 노킹이라는 벽에 부딪치면서 용적비 향상을 접을 수밖에 없었다. 실린더의 하사점 용적을 상사점 용적으로 나눈 값을 가리키는 용적비(여기서「압축비」는 흡기밸브를 닫을 때의 용적을 상사점 용적으로 나눈 값으로 정의)가 전통적 엔진에서는 기계적으로 정해지기 때문에 고부하 영역에서 노킹을 피하는 쪽의 값으로 결정된다. 1990년대 후반~2000년대 전반에 현역이었던 VQ30DET(3.0ℓ V6 PFI 터보)의 용적비는 9.0이었다. 부분부하에서는 더 높은 용적비로 운전할 수도 있었지만 방법이 없었던 것이다.

운전영역에 맞춰서 용적비를 가변적으로 제어할 수 있는 기구를 실용화할 수 있다면 상용 영역(시내주행이나 고속순항)에서는 고용적비로 열효율을 높이는(연비가 좋아지는) 것이 가능하다. 그러면 고출력 영역(급가속이나 오르막길)에서는 저용적비로 전환해 노킹을 피하고, (연비 위주로 용적비를 고정한 경우와 달리)과급은 높일 수 있다. 그 결과 기존의 터보과급 엔진보다 연비와 출력을 양쪽 다 향상시킬 수 있는 것이다. 용적비가 고정이었던 기존 터보엔진은 연비를 좋게 하면 출력이 올라가지 않고 출력을 좋게 하면 연비가 떨어지는 상황이었지만, 이 두 가지를 양립할 수 있다.

자연흡기 엔진의 연비와 터보엔진의 출력을 양립시키는 것이 용적비를 가변제어하는 닛산의 멀티링크 방식 가변 용적비(Variable Compression Ratio) 기구이다. VCR을 탑재한「VC터보」KR20DDET는 세계최초의 양산형 가변 용적비 엔진이다. 용적비는 14.0부터 8.0까지 연속가변으로 제어한다.

가변 용적비 연구를 통해 다양한 기구가 개발되었지만 심플한 기구로 만든 것이 닛산 VCR의 특징이다. 변동 가능한 밸브 기구를 이용하면 흡기밸브를 닫는 타이밍을 제어해 압축비에 변화를 줄 수 있다. 큰 기구로 용적비를 바꿀 필요는 없지만 닛산 VCR은 2차 관성력이 없어서 2차 밸런서 샤프트가 필요 없다. 링크가 수직으로 하강하기 때문에 피스톤의 사이드 포스가 작아서 마찰손실이 크게 줄어드는 이득을 얻을 수 있다는 것도 특징이다.

꿈의 엔진은 어떻게 해서 만들어졌나

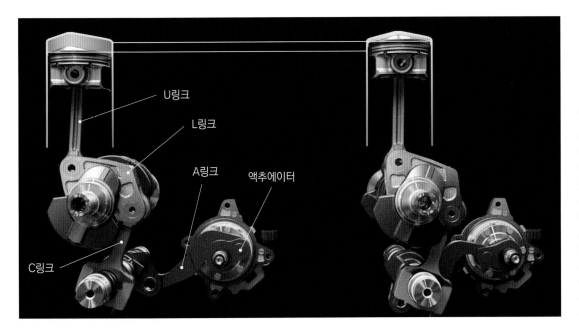

연속으로 가변 압축하는 기구

멀티링크 방식의 가변 용적비 기구 (VCR)는 독자적인 링크 기구를 채택 해 피스톤의 상·하사점 위치를 연속 으로 가변함으로써 용적비를 14.0:1 부터 8.0:1 범위에서 연속적으로 제 어한다. VCR은 기존 엔진의 커넥팅 로드 대신에 U·L·C·A 각 링크로 구 성되는 멀티링크 기구로 크랭크샤프 트를 회전시킨다. 링크 끝부분을 액 추에이터로 움직여 피스톤과 크랭크 샤프트 사이의 거리를 변화시킴으로 써 용적비를 무단계로 조정한다.

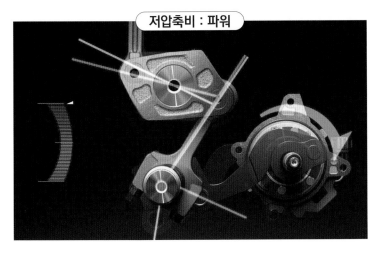

액추에이터가 시계방향으로 회전하면 C링크가 L링크를 밀어올리기 때문에 L링크 는 수평방향으로 위치하고, U링크와 L링크의 접속부분이 아래쪽으로 이동하면서 상 사점 위치가 내려가 용적비가 낮아지는 것이다. 용적비는 최고와 최저 사이에서 연 속적으로 바뀐다.

액추에이터가 시계반대 방향으로 회전. 그러면 A링크의 움직임에 의해 C링크가 L 링크를 아래로 당기기 때문에 각도가 바뀌고 U링크와 L링크의 접속부분이 위쪽으 로 이동하면서 상사점 위치가 올라가 용적비가 높아지는 것이다.

고정이 당연했던 용적비를 가변제어할 수 있도록 한 시스템이 닛산 멀티링크 방식의 가변 용적비 기구(이하 닛산 VCR. 닛산에서 는 「압축비」로 호칭)이다. 개발 시작(발상으 로 표현하는 것이 좋을지도 모른다)은 1990 년대 후반까지 거슬러 올라간다. 그때부터 연구가 시작되어 05년 무렵에는 멀티링크 방식 기구로 귀착되었다.

용적비를 가변제어하는 구조는 여러 가지 가 고안되었고 존재했다. 피스톤에 유압기 구를 넣어 높이를 바꾸는 방식도 있고, 헤드 ~블록 사이의 거리를 링크로 바꾸는 방식, 크랭크 축 중심을 포물선처럼 움직이는 방 식도 있었다. 각각 장단점이 있다. 닛산이 검토 끝에 멀티링크 방식을 결정한 것은 모 든 실린더를 동시에 제어할 수 있다는 점이 한 가지 이유였다. 피스톤이나 커넥팅 로드 에 유압실을 설치하는 타입은 밀봉이 어렵

다. 기존 공장에서 제조한다는 점을 감안하 면 익숙한 기술로 만들 필요도 있다. 멀티링 크 방식은 기계요소가 심플하다는 점 또 용 적비의 가변제어뿐만 아니라 진동특성이 뛰 어나고 마찰손실을 줄일 수 있다는 점도 결 정 이유였다.

전통적인 엔진은 커넥팅 로드를 매개로 피스톤과 크랭크샤프트가 연결되는 심플한 구성이다. 반면에 닛산 VCR은 피스톤과 크

랭크샤프트 사이에 여러 개의 링크 기구가 존재한다. 크랭크샤프트와 맞물리는 것은 마름모 같은 L링크(Lower Link)로, 이것을 끼고 위에 있는 U링크(Upper Link)가 피스톤을 지지한다. L링크는 아래쪽에서 C링크(Control Link)와 연결되고 다시 C링크는 컨트롤 샤프트를 매개로 A링크(Actuator Link)와 이어진다. A링크는 다른 한 쪽 끝에서 VCR 액추에이터와 연결된다.

VCR 액추에이터로는 하모닉 드라이브사 제품의 감속기를 이용한다. 얇은 기어의 탄성변형을 이용해 1단으로 큰 감속비를 얻을 수 있는 기구로서, 백 랙시가 없어서 작동음을 낮출 수 있다는 점이 장점이다. 하모닉 드라이브사 제품의 감속기를 채택한 것은 소리 측면도 한 가지 요인이었다고 한다.

고용적비 상태에서 피스톤이 상사점에 있을 때, A링크는 비스듬하게 아래를 향한다. 그 때문에 C링크가 아래로 끌리는 상태가 되고, L링크는 수직 자세가 되어 피스톤 상사점 위치가 높아지는 구조이다. 용적비를 낮출 때는 VCR 액추에이터를 작동시켜 A링크를 수평방향으로 회전시킨다. 그러면 C링크는 밀려서 올라가고 L링크가 누운 상태가 되어 피스톤 상사점 위치가 낮아진다. 이런 식으로 피스톤이 스트로크하는 위치를 바꿈으로써 용적비를 가변제어하는 것이다. 용적비 14.0과 용적비 8.0일 때의 피스톤 상사점 위치 차이는 약 6mm이다.

닛산 VCR의 특징은 고용적비(14.0)와 저용적비(8.0) 2단 교체가 아니라, 14.0~8.0 사이를 연속가변으로 제어할 수 있다는 점이다. 14.0~8.0이나 8.0~14.0 가변에 필요한 시간은 1.2~1.5초이다. 이 정도 시간이라면 자연흡기(NA)에서 과급영역으로 바뀔 때 용적비 이행이 맞지 않은 것은 아닌가 하고 생각할지도 모르지만, 아슬아슬하게 맞는다고 한다.

앞서도 언급했듯이 닛산 VCR의 특징은 용적비를 가변제어할 수 있다는 점만이 아니다. 멀티링크 방식의 용적비 가변기구가 불러오는 혜택 가운데 하나는 회전 2차 관

단일 진동 피스톤 모션

상사점 부근을 천천히, 하사점 부근을 빨리 반동하도록 링크 지오메트리를 설계해 상하 2차 관성력을 없앰으로써 밸런서 샤프트를 생략했다. 또 토크 변동이 V6 엔진 수준으로 적기 때문에 진동이 전체적으로 줄어든다.

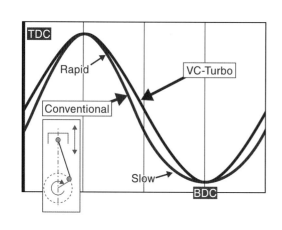

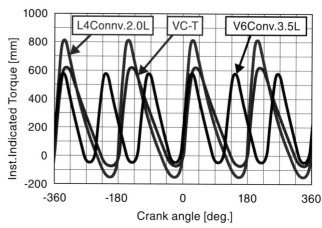

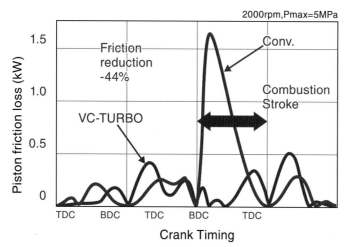

피스톤의 작은 사이드 포스

VCR은 링크(U링크)가 수직 상태에서 하강하기 때문에(그렇게 되도록 설계했다), 피스톤의 사이드 포스가 전통적인 엔진의 4분의 1에 그쳐 마찰손실을 크게 줄일 수 있었다.

성력을 없애는 것이다. 「링크 지오메트리를 이용해 피스톤의 움직임을 제어합니다」, 양산화 상태로 바뀐 14년부터 닛산 VCR 개발을 이끌고 있는 기가 신이치(木賀 新一)씨의 설명이다.

「파란 선은 전통적인 엔진입니다(앞 페이지 그래프 참조). 상사점 부근에서는 급격한 커브를 그리고, 하사점 부근에서는 느릿하게 움직이는 것을 알 수 있습니다. 이것이 보통이죠. 닛산 VCR에서는 상사점 부근을 천천히, 하사점 부근을 빨리 접도록 만들어 정현파를 모방한 피스톤 모션을 준 겁니다. 이로 인해 상하 2차 관성력이 사라지기 때문에 밸런서 샤프트가 필요 없어진 것이죠」

닛산 VCR은 상사점 부근에서 천천히 반동하기 때문에 토크 변동이 적다. 그 때문에 엔진 전체적으로 진동이 크게 줄어든다.

피스톤과 커넥팅 로드, 크랭크 핀이 이루는 기하학적 배치를 통해 전통적인 엔진

은 팽창행정에서 피스톤이 내려갈 때 사이드 포스(thrust力)가 발생한다. 닛산 VCR은 U링크가 수직인 상태에서 하강하기 때문에 사이드 포스를 크게 줄일 수 있다. 이것이 큰 장점이다.

「전통적인 과급엔진과 비교해 닛산 VCR에 어느 정도의 우위성이 있느냐면, 우리의 견해로는 압축비를 바꿈으로써 10% 정도 출력이 올라가고 연비가 좋아진다고 생각합니다. 나아가 링크 지오메트리를 개선해 V6에 가까운 진동특성을 보입니다」

멀티링크 방식의 가변 용적비 기구를 적용한 2.0ℓ 직렬4기통 가솔린터보 KR20D-DET는 16년에 생산준비가 끝나고, 인피니티 브랜드인 SUV, QX50에 탑재되어 17년에 데뷔했다. 그 후 닛산 브랜드의 세단 알티마에도 적용되었다. 완성된 것을 봐서는 실감하기 어렵지만 세계 최초의 기술을 실용화하는 개발과정은 고난의 연속이었다. 하

지만 결국은 닛산의 총력을 집결해 실용화에 다다랐다.

운동계통 부품이 과도한 스트레스를 받는 것에 대해 내구성이나 안전성을 어떻게 담보하느냐가 처음 과제였다. 전통적 엔진의 피스톤~커넥팅 로드~크랭크 핀 구성은 심플해서, 연소에 따른 하중을 수직으로 크랭크샤프트로 전달한다. 반면에 닛산 VCR은 크랭크 핀으로의 입력하중이 1.9배로 올라간다. 왜냐면 L링크에 지렛대 원리가 작용하기 때문이다. 「그 점이 염려되어 그것을 어떻게 극복하느냐가 이 엔진의 가장 큰 포인트였다」고 기가씨는 말한다.

L링크는 높은 피로강도 내구성을 확보하기 위해서 고강도 소재인 SCr440(크롬강 강재)을 적용하고, 진공침탄 처리를 통해 강도를 높였다. HRC(로크웰 경도)를 60으로 표현하면 전문가들은 경도에 대한 이미지가 전달될 것이다. U링크와 C링크의 움직임을

압축비를 바꿈으로써 출력은 10% 정도 올라가고,
연비는 좋아진다고 생각합니다.

닛산자동차 주식회사
파워트레인·EV기술개발본부
파워트레인·EV프로젝트 매니지먼트부
엔진 프로젝트 매니지먼트그룹
얼라이언스 파워트레인 엔지니어링 디렉터

기가 신이치(木賀 新一)

회전운동 계통의 과도한 스트레스 대책

전통적 엔진 같은 경우 연소에 따른 입력이 피스톤~커넥팅로드~크랭크 핀을 직선상으로 지나면서 전달된다. 반면에 CVR은 L링크가 지렛대 역할을 하기 때문에 레버비율로 인해 1.9배로 입력이 높아진 상태에서 크랭크 핀으로 전달된다. C링크와의 접속부분이 지지점, 크랭크 핀 부분이 힘이 걸리는 지점(力点), U링크의 접속지점이 작용점이 되는 것이다. 이 큰 입력을 어떻게 극복하느냐가 VCR의 개발을 진행하는데 핵심이었다.

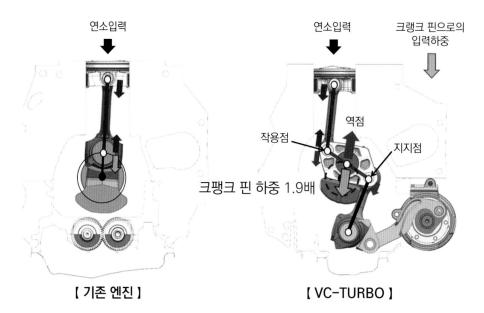

【 기존 엔진 】　　**【 VC-TURBO 】**

전통적인 엔진(좌)과 VCR(우)의 비교. L링크의 레버비율로 인해 크랭크 핀으로 가는 입력하중이 1.9배로 커진다. L링크를 작게 하면 레버비율이 작아져 입력하중을 줄일 수 있다는 것은 바로 알겠지만….

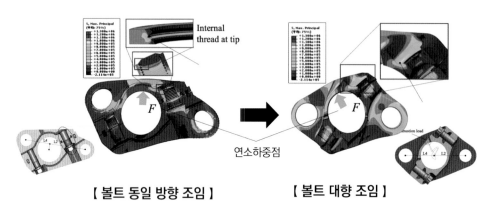

【 볼트 동일 방향 조임 】　　**【 볼트 대향 조임 】**

L링크의 볼트 암나사 부분의 응력을 줄이기 위해서 동일 방향으로 조이는 것이 아니라 대향조임으로 했다. 2개의 볼트를 아래쪽에서 삽입해 조이는 것이 생산성은 높지만, 양쪽 핀 간격의 조임을 우선하기 위해서 신공법을 개발했다.

대향조임 볼트는 자동차 업계에서 세계최고 강도를 자랑하는 16T 볼트를 사용. 또 안정적이고 큰 출력을 얻을 수 있는 소성(塑性)영역 조임으로 했다. 그 결과 볼트를 M14에서 M11로 줄일 수 있어서 소형·경량화되었다.

허용하는 차원에서 링크 접합부분은 U자형 단면형상을 하고 있다.

「크랭크 핀의 평(平) 베어링도 단순한 형상이 아니라 핀 표면을 항아리 형태, 6마이크론 정도의 톱니 같이 중앙이 솟아오른 3차원 형상으로 만들었습니다. EHL(Elasto-Hydrodynamic Lubrication=탄성유체 윤활 : 유막압력에 의한 탄성변형을 고려한 윤활이론) 계산이 짧은 시간에 가능해져 유막 두께를 구할 수 있습니다. 그것을 보면서 3차원 형상을 만들어냈죠」.

크랭크샤프트를 끼는 L링크의 조임 볼트를 생산성 측면으로만 따지면 아래에서 삽입해 조여야 하지만, 동일 방향의 조임을 적용하면 L링크 폭이 넓어진다. 폭이 넓어지면 지지점~역점~작용점 사이의 거리가 벌어져 크랭크 핀으로의 입력하중이 커진다. 그래서 볼트 대향조임을 적용해 크랭크 핀에 걸리는 입력하중을 고려하는 동시에 볼트 암나사 부분의 응력감축을 계획했고, 이것을 실현하기 위해서 생산기술 부문의 협력을 얻어 새로운 공법을 개발했다.

L링크를 조이는 볼트는 링크를 작고 가볍게 하기 위해서 16T 볼트를 개발했다. 「자동차 업계 세계최고 강도」를 주장한다.

「현재 상태에서 지금까지는 13T정도가 상한이어서 좀 과하다고 할지도 모르겠습니다만(웃음), 이렇게 하지 않으면 볼트를 작게 만들 수가 없었거든요」

게다가 (탄성영역 체결이 아니라) 소성영역 체결이다. 그만큼 큰 체결 토크가 필요하기 때문에 「100개를 체결하면 소켓이 망가지는」문제를 뛰어넘어 실용화에 도달했다.

VCR 액추에이터

VRC의 링크를 움직이는 액추에이터에는 하모닉 드라이브사 제품의 감속기를 적용했다. 「감속비를 크게 할 수 있다는 점과 소리 때문」이었다고 기가씨는 설명. 액추에이터의 기어음을 줄이는 것은 링크 지오메트리 개선을 통한 크랭크 핀으로의 입력 하중저감과 더불어 VCR 개발에서 큰 개발 포인트 가운데 하나였다. 1998년에 개발에 착수하고 나서 20년을 거치면서 잡음이 없는 수준에 도달한 것이다.

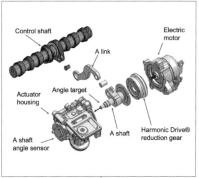

하모닉 드라이브사 제품의 파동기어 방식 감속기는 슬림한 기어의 탄성변형을 이용해 맞물리는 것을 어긋나게 함으로써 큰 감속비를 얻는 구조(VCR의 경우, 감속비는 243:1). 백 래시가 존재하지 않기 때문에 작동음이 작다는 점이 특징.

강도와 더불어 급유도 걱정거리였지만 L링크의 U링크 핀만 오일공급 구멍을 뚫어 비말로 급유한다.

「소부(燒付) 한계와 소리. 어떤 에너지라야 소리가 안 나고, 어떤 상태에서 눌러 붙는지를 컴퓨터로 전부 해석하고 틈새를 설정했죠」

이렇게 해서 만들어진 멀티링크 방식의 가변 용적비 기구에 「공업품」이라는 표현은 적절하지 않다. 거의 공예품 수준에 도달한 것이다.

「KR20DDET는 요코하마 공장에서 만드는데, 링크 기구는 『절대로 제대로 만들어야 한다』고 두 말 않고 협력해준 덕분입니다. 생산기술 부문에 정말로 감사하고 있죠」

QX50과 알티마 모두 엔진을 가로배치로 배치하고, 변속기는 CVT를 조합한다. 근래에는 관계가 없어지고 있지만, 초기에 CVT 특유의 고무 밴드 느낌을 싫어했던 고객들을 고려해 불쾌감이 없는 제어를 전제로 개발했다고 한다. 액셀러레이터 페달을 깊이 밟으면 「D스텝」이라고 부르는 기능이 작동

해 AT 같은 스텝변속을 하면서 가속하도록 제어한다. CVT를 탑재하는 닛산차에는 공통되는 콘셉트이다.

「과급 지체에 관한 관리나 과급이 걸렸을 때의 급격한 토크를 받아넘기는 방법 등은 CVT와 궁합이 잘 맞는다고 생각합니다」

꿈의 엔진을 탑재한 차량 체험기

특별한 배려로 KR20DDET 엔진을 탑재한 차량의 시승 기회를 얻었다. 인피니티 QX50(4WD)과 닛산 알티마(2WD)이다. 사용하는 가솔린이 다르기 때문에 최고출력과 최대토크 수치가 다르다. 양쪽 모두 변속기는 CVT(자트코사 제품의 CVT8)이다. 최대토크가 390Nm인 것은 CVT의 허용 토크 용량의 사정 때문으로, 400Nm을 능가하는 잠재력은 갖추고 있다고 한다. 비교 시승용으로 다임러의 2.0ℓ 직렬4기통 터보(155kW/350Nm)를 탑재한 인피니티 Q60(274A, 4WD)이 준비되어 있었다.

「다임러 엔진을 얹게 된 것도 우리가 KR20DDET를 개발한 한 가지 계기였죠」라며 QX50 조수석에 앉아 있던 기가씨가 말했다. 「우리 입장에서는 정말로 분한 생각이 들었습니다. 우리도 엔진을 만들 수 있는데 밖에서 사와야 했던 것이 말이죠」

토크 커브를 겹쳐서 보면 274A는 저속 토크를 중시한 엔진임을 알 수 있다. 나쁜 엔진은 아니지만 진동이 크게 느껴지고, 그런 탓에 좀 거친 인상을 받는다. 그렇게 느낀 것은 KR20DDET를 장착한 QX50과 알티마를 먼저 타보았기 때문일 것이다. 274A는 설치했으면 하는 부분에 엔진 마운트를 설치하지 않은 약점이 있기는 하지만, 진동 면에서는 확실히 KR20DDET가 한 단계 위다. 액셀러레이터 페달을 깊이 밟았을 때의 뻗는 느낌도 단연 부드럽고 응답성도 좋다.

QX50과 알티마의 미터들에는 부스트 미터와 압축비(용적비) 미터가 달려 있다. 「Eco」위치는 14.0:1이고, 「Power」위치는 8.0:1이라고 나타나 있다. 아이들링 시의 바늘 위치는 Eco이다. 「고속도로에서 꽤나 참을성 있게 Eco 상태로 달리면 리터 당 25km는 나옵니다」라는 기가씨의 설명이다. 조금 세게 액셀러레이터 페달을 밟았더니 바늘은 Eco를 지나 Power와의 사이에서 부들부들 거린다. 최대로 밟으면 Power에 머무른다. 운전상황에 따라 Power와 Eco 중간에 머물러 있기도 하지만, 부산스럽게 용적비 맵(아래 그림) 위를 종횡무진으로 또 민첩하게 움직이는 모습을 엿볼 수 있다. 용적비 변화는 느끼지 못하고, 그냥 부드럽고 힘이 좋으며, 응답성이 뛰어난 엔진이라는 인상이다.

엔진운전 시 압축비 맵

부하가 낮을 때는 용적비 14.0:1, 고부하 또는 고회전은 용적비 8.0:1로 해, 그 사이를 연속적으로 가변제어한다. 부하와 회전수로부터 압축비를 결정하고, 그 압축비 안에서 기타 장치를 제어한다는 취지이다. 예를 들면 압축비에서의 노킹 회피는 시간적으로 적합하지 않기 때문에 점화시기 제어로 회피한다. 연속으로 바뀌기 때문에 탑승객에 대한 위화감이 전혀 없다(실제 차량에서 확인했다).

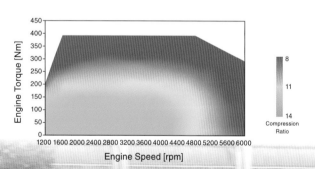

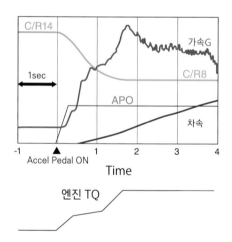

가속할 때의 G변화와 연속가변 압축비의 관계

아이들링에서 액셀러레이터 페달을 최대로 밟았을 때 용적비와 가속G, 차량 속도 관계를 나타낸 그래프이다. 운전자의 가속요구에 대응하기 위해서 토크를 높일 때, 용적비를 14.0에서 8.0으로 연속적으로 가변하면서 CVT 변속과 협조해 가속G를 올린다. 높은 G의 연출은 닛산개발진의 의지를 반영한 것이다. 14.0→8.0에 필요한 시간은 1초+α.

닛산 알티마 FWD
최고출력	178kW(고급 휘발유일 때는 185kW)
최대토크	362Nm(고급 휘발유일 때는 380Nm)
연료	보통 휘발유
변속기	CVT
차량무게	1,568kg

인피니티 QX50 4WD
최고출력	200kW
최대토크	390Nm
연료	고급 휘발유
변속기	CVT
차량무게	1844kg

과급압과 압축비의 연속가변 제어

용적비를 연속가변으로 제어하는 닛산 VCR과 고용적비와 저용적비를 전환하는 2단 VCR의 특성을 비교한 그래프. 옥탄가에 따라 고과급 쪽의 최대 용적비 선이 바뀐다. 2단 같은 경우는 과급압과 용적비의 최적의 관계를 구축하지 않는 영역(열효율 손실로 이어진다)이 나타나기 때문에 최적 용적비를 찾아낼 수 있는 연속가변을 선택했다.

VC터보 엔진의 정미(正味) 연료소비율

가로축에 비출력, 세로축에 BSFC(정미 연료소비율)를 배치한 그래프. 흑색 ◆는 VCR을 적용한 KR20DDET(2.0ℓ, 최고출력 200kW)와 동일한 직접분사 터보엔진. KR20DDET는 비출력이 작은 터보엔진과 비교해도 연비율이 양호하다. 지금까지 배반요소로 여겨져 왔던 출력과 연비를 양립하고 있다는 사실을 알 수 있다.

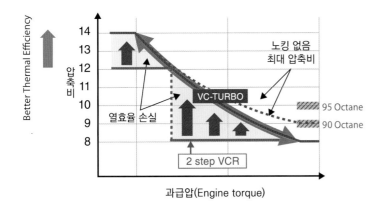

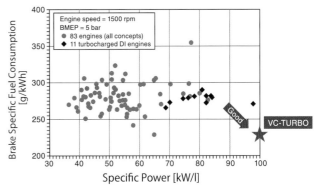

프로의 시각 — Dr.HATAMURA
하타무라 고이치(畑村 耕一) 박사의 감상

가변을 이용하지 않고 초(超) 롱 스트로크 기구를 만들고 싶다

꿈의 가변 용적비 엔진이 실용회되었다. DMW기 꿈의 기번 리프드 밸브 기구(밸브트로닉)를 실용화했을 때도 감격했지만, 그 이상의 것이 있다. 다만 냉정하게 생각해 보면, 노킹을 피하기 위해서 낮추고 싶은 것은 압축비이고, 열효율을 감안하면 팽창비는 낮추지 싶지 않다. 이런 이상을 실현하는 것으로 이미 밀러 사이클이 있다. 가변밸브 기구가 있으면 가변 압축비는 간단히 할 수 있다.

팽창비가 동시에 내려가는 가변 용적비의 문제점은 배출가스 온도가 높다는 점이다. 실제로 이 엔진은 최고출력 70% 이상에서는 연료를 진하게 해서 배출가스 온도를 낮추고 있다. 냉각EGR을 사용하면 화학량론으로도 어느 정도 노킹을 제어할 수 있지만, 심해지는 배출가스 규제로 전체 영역의 화학량론이 요구되면 압박을 받을 것이다.

또 VW 골프의 밀러 사이클이 사용하는 VGT도 사용하지 못하다. 필자로서는 이 기구로 가변을 안 하고 초 롱 스트로크를 실현하고 싶다.

e-4ORCE (전동구동 4륜제어 기술)

엔진이 못하는 일을 모터가 하다
—— 응답성이 뛰어난 모터의 구동력으로 자동차 움직임을 제어 ——

내연엔진보다 훨씬 뛰어난 제어성과 응답성을 가진 모터. 이것을 구동에 이용하는 EV.
EV에서는 파워트레인의 수비범위가 폭넓다. 특히 여러 개의 모터를 탑재하는 AWD는 고도의 운동제어까지 가능하다고 한다.
e-4ORCE는 전동의 장점을 최대한으로 끌어내려는 시도이다.

본문 : 다카하시 잇페이　사진 : 이치 겐지　사진&수치 : 닛산

닛산이 갖고 있는 모든 기술을 이 아리아에 투입했다. 그 중에서도 앞쪽과 뒤쪽에 각각 독립된 신형모터를 탑재하는 「e-4ORCE」전자제어 AWD는 응답성이 빠른 전동 파워트레인의 이점을 살려 자동차 움직임을 만들 수 있다. 전동화 기술이 새로운 양상으로 나아가고 있다는 상징 가운데 하나이다.

【 역할분담에서 기술영역의 장벽을 뛰어넘는 통합적 제어로 】

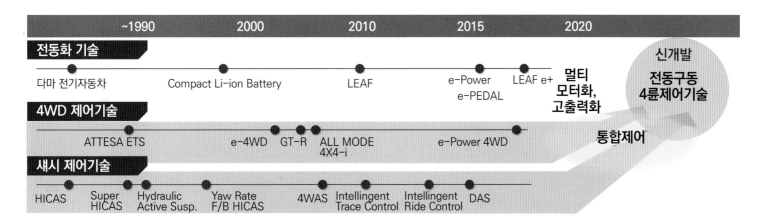

닛산은 예전부터 4WD 섀시의 전자제어 기술을 축적해 왔다. 그 토대라고 할 수 있는 것이 제2세대 GT-R 아테사 E-TS와 수퍼 HICAS이다. 그 DNA는 e-4ORCE로도 이어졌다. 전동화를 통해 파워트레인이 담당하는 범위가 넓어졌고, 그로 인해 각 제어요소 사이에 있던 역할분담의 장벽이 무너지면서 모든 제어가 통합된다.

【 파워 소스의 전동화(응답의 차이)로 인해 자동차 제조법이 달라진다 】

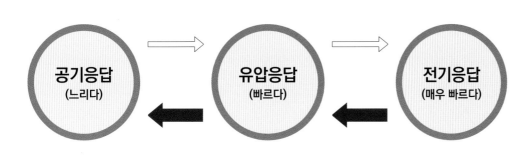

스로틀 밸브로 공기 흐름을 제어하는 내연엔진에서는 공기의 움직임에 의존하는 형태로만 응답성을 기대할 수밖에 없었으며, 파워트레인이 가장 느린 존재였다. 그 때문에 파워트레인을 처음으로 만들고 그보다 자유로운 유압이나 전기를 통한 제어로 마무리하는 것이 지금까지의 흐름이었다. 하지만 EV에서는 파워트레인이 가장 빠르다. 그로 인해 개발 프로세스도 크게 달라진다.

「자동차 제조법이 크게 바뀝니다」

아리아에 탑재되는 4WD 시스템 「e-4ORCE(e포스)」. 이 기술에 대해 파워트레인·EV기술개발 본부의 익스퍼트 리더인 히라쿠씨는 이렇게 대화를 시작했다.

아리아에는 앞 차축에만 모터를 탑재하는 2WD도 준비하지만, 4WD 모델은 전방과 똑같은 모터를 뒤 차축에도 추가한 전동 4WD가 된다고 한다. 내연엔진을 바탕으로 하는 차량과 달리 앞뒤 차축 사이에 물리적인 연결요소(프로펠러샤프트 등)가 없는 전동 4WD에서는 당연히 전자제어가 필수이다.

닛산의 전자제어 4WD로 말하자면 예전의 제2세대 GR-R 테크놀로지가 되면서 널리 알려진 아테사 E-TS가 있다. 닛산에서는

이 기술을 시작으로 이후 전자제어 4WD 기술을 축적해 왔고, e-4ORCE는 그 최신판에 해당한다. 하지만 내연엔진과는 차원이 다른 모터의 제어응답성이 주는 장점을 최대한으로 추구한 결과, "단순한 구동 이야기"로 끝나지 않을 정도로 큰 변화를 불러오게 되었다는 것이다.

「원래 자동차는 6자유도로 움직입니다. 이 6자유도를 어떻게 제어해 생각한대로 움직이게 하느냐, 그것이 시작인 것이죠. 기존에는 6자유도 제각각 (차량 요소가 담당하는)역할이 정해져 있었습니다. 예를 들면 가속은 파워트레인, 감속은 브레이크, 좌우는 스티어링 그리고 요와 피치는 섀시, 이렇게 역할을 모두 분담했던 것이죠. 그리고 그

것들을 죄다 묶어서 하나의 자동차로 만든다, 이것이 종래의 자동차 제조법이었다고 할 수 있습니다」

롤(roll)과 피치(pitch) 그리고 요(yaw)라고 하는, 직교하는 3개 축(x축, y축, z축)의 회전방향과 축 방향에서 자유롭게 움직일 수 있다는 것이 6자유도의 정의이다. 하지만 이것은 자동차의 움직임을 좌표계로 분해해 수치화하기 위한 것일뿐, 현실에서는 모두 서로 영향을 주고받으면서 끊김 없이 연결되어 있다. 즉 각각의 역할을 담당하는 차량 각 부분의 요소들도 마찬가지로 연계가 요구되지만, 거기에는 제어 대상이 있어서 응답성이 다르다는 문제가 있다.

「(제어하는데 있어서) 공기가 대응할 때까

【 자동차의 6자유도 움직임을 어떻게 설계할 것인가? 】

차량구성 요소와 자동차 움직임의 관계

자동차는 응답성 차이가 큰 다양한 요소를 조합함으로써 운동성을 컨트롤한다. 물론 자동차의 움직임은 매우 복잡하기 때문에 여러 가지 요소가 서로 맞물려서 돌아가기는 하지만, 그럼에도 불구하고 각각의 역할분담이 명확한 이유는, 내연엔진의 응답성이 운동성 제어라고 하는 의미에서는 너무 느린 탓이 크다. 예를 들면 엔진 출력이 횡방향 움직임에 영향을 끼쳤다 하더라도 자유롭게 제어할 수 있을 정도의 응답성은 바라지 않았다. 그러던 것이 모터로 바뀌자 상황이 완전 달라진다. 밀리초 단위로 출력을 제어할 수 있는데다가, 회생을 이용해 감속방향 제어도 가능해진 것이다 (심지어 유압으로 작동하는 메커니즘 브레이크보다도 고응답).

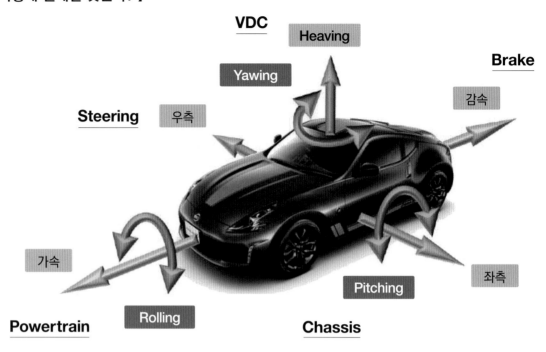

지는 시간이 걸립니다. 그 다음으로 유압, 가장 빠른 것이 전기응답입니다. 지금까지는 느린 것을 만들고 나서 빠른 것으로 조정해 나가는 방법을 썼었죠. 빠른 것을 먼저 만들면 느린 것을 맞출 수 없기 때문입니다. 우선 느린 것이 뭐냐를 말한다면, 바로 내연기관입니다. (스로틀 밸브에 의한) 공기응답이기 때문에 일단 파워를 내게 되면, 1초라고 하기는 무리이지만 적어도 100msec는 꼼짝도 할(파워를 변화시킬) 수 없죠. 그래서 공기응답 엔진을 가장 먼저 만들고 나서 유압응답의 브레이크라든가 스티어링으로 파워를 조정한 다음, 마지막으로 전기에 맞추는 것이죠(앞뒤를 맞춘다). 이런 순서가 물리적으로 정해져 있었기 때문에 분담 받은 역할의 부품을 순서대로 만들었던 겁니다. 그것이 전동화가 되면서 어떻게 되었을까. 모터는 전기로 움직이기 때문에, 기존에는 가장 느리다고 생각했던 파워트레인이 가장 빠른 장치로 바뀝니다. 이 대목에서 게임체인지가 일어나는 것이죠」

모터로 인해 파워트레인의 제어성과 응답성이 비약적으로 높아짐으로써 만드는 순서가 바뀌는 것은 물론이거니와, 그로 인해 "역할 분담"에도 변화가 생긴다고 한다. 지금까지 브레이크나 스티어링을 이용하지 않으면 제어가 되지 않았던 것이 파워트레인으로도 가능해진다. 대표적인 것 가운데 하나가 회생 브레이크이다. 닛산에서는 감속에서 정차까지 액셀러레이터 페달로만 조작하는 「e-Pedal」을 이미 세상에 선보인바 있다. 그밖에 브레이크의 바이 와이어를 통해 브레이크 페달을 밟고 있어도 실제로는 회생이 이루어지는 작동도 HEV 등에서는 상식이다. 감속이 더 이상 마찰을 이용하는 브레이크만의 "전매특허"가 아닌 것이다.

「파워트레인으로 감속력을 제어할 수 있습니다. 그를 통해 파워트레인이 피칭을 제어할 수 있게 되죠. 지금까지는 출력을 낸 상태에서 후방이 푹 내려앉으며 가속하는 것이 당연했는데, 그때 전방에서 회생을 하면 앞쪽이 내려갑니다. 모터의 구동력을 제어함으로써 피칭을 충분히 제어할 수 있는 것이죠. 기존에는 그렇게 신속하게 출력을 넣고빼기가 안 됐기 때문에 엔진(파워트레인)에서 피칭을 제어하지 못 했죠. 피칭 주파수가 파워트레인의 제어응답보다 빠르기 때문입니다. 자동차 피칭보다 파워(파워트레인)의 제어속도가 압도적으로 빠르기 때문에 모터 구동으로 피칭 컨트롤이 가능한 겁니다. 또 한 가지는 요(yaw)입니다. 예를 들어 선회하면서 횡G가 걸릴 때 뒤쪽에 구동력을 걸면 오버스티어가 발생합니다. 앞쪽에 걸리면 언더스티어가 발생하죠. 전후 토크배분을 능숙하게 실시간으로 바꿔주면 요 제어가 가능해서 차선 추종성을 향상시킬 수 있습니다. 그리고 더 나아가서는 롤을 제어할 수 있다는 사실도 알게 되었습니다. 즉 전기 자체(모터)의 구동력으로 자동차의 거동을 만들어 낼 수 있다, 그것을 지향하는 것이 e-4ORCE인 겁니다」

BEV뿐만 아니라 모터로만 구동하는 e-POWER에도 사용할 수 있는 기술

제어응답성이 뛰어난 전동구동(모터)의 잠재력을 최대한 끌어냄으로써 차량자세 안정화 외에 운동성도 자유롭게 제어한다. GT-R(제2세대 포함)이 그렇듯이 주행한계

【 전동식 AWD에서는 파워트레인으로 차량운동성 제어가 가능 】

앞뒤바퀴 각각을 독립된 모터로 구동하는 전동식 AWD에서는 감속력을 높은 자유도로 제어할 수 있을 뿐만 아니라, 앞뒤바퀴의 토크배분 방향을 제어함으로써 피치나 요까지도 제어가능하다. 지금까지는 브레이크 제어나 토 컨트롤 등과 같은 섀시 제어가 담당해 왔던 영역이다.

감속력을 제어할 수 있다. ▷

피칭을 제어할 수 있다. ▷

요을 제어할 수 있다. ▷

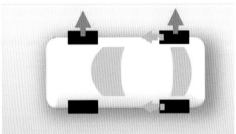

아리아보다 먼저 미디어 관계자에게 2019년에 공개된 e-4ORCE 기술의 선행개발 차량. 160kW를 발휘하는 리프 베이스에 EM57형 모터를 뒤 차축에도 추가. 목적을 갖고 제작된 개발차량인 만큼 리어 모터 추가에 따른 후방 서스펜션도 크게 바뀌었다.

를 높이는 4WD는 지금까지도 있었지만, e-4ORCE가 목표로 하는 것은 정상 영역에서의 자연스러운 제어를 통해 특별한 의식 없이 보통으로 운전하는 상태에서 기분 좋고 쾌적한 것이라고 한다. 지금까지의 4WD 역할은 유사시에 도움이 되는 안심장비 측면이 강했지만, e-4ORCE는 기본적으로 상시 4WD 상태에서 앞뒤로 협조하면서 네 바퀴의 구동력을 제어한다. 상황에 맞춰서 2WD가 되는 순간이 있는 정도라고 한다.

주행전동 4WD에서는 일반적인 주행 상황 대부분을 2WD 상태로 하기 때문에, 추종적 역할을 하는 차축(axle)에는 무통전(無通電) 시의 릴럭턴스 토크에 의한 손실을 피하도록 유도모터를 이용하는 경우도 적지 않다. 그러나 항상 4WD 상태가 기본인 e-4ORCE에서는 이 부분의 손실저감 대책을 특별히 의식하지 않는다고 한다(모터에 관해서는 앞에서 상세히 소개했지만, 결과적으로 무통전 시의 손실은 최소한이다).

「구동력을 잘 제어하도록 해서 턴 인(turn in)이 하기 쉽다든가 요를 약간 컨트롤하는 것은 지금까지도 있었지만, 운전자의 의도에 반해 약간이나마 감속되는 경향을 피할 수는 없었습니다. 모터 4WD가 되면 그런 일 없이 똑같이 할 수 있습니다. 운전자의 요구에 충실히 따르는 것이죠. 가속하고 싶을 때는 가속한 상태가 되고, 감속하고 싶을 때는 감속한 상태가 되는, 말하자면 브레이크를 밟은 상태에서 액셀러레이터를 밟는 레이싱 드라이버의 테크닉 같은 것이 가능해지는 겁니다. 게다가 모터이기 때문에 브레이크라고 해도 마찰력을 사용하지 않고 회생합니다. 때문에 제어를 계속해도 손실은 거의 없습니다. 즉(열 발생이나 손실을 신경 쓰지 않고) 언제까지나 사용할 수 있어서, 보통으로 달리고 있을 때 운전자가 알아차리지 못하도록 능숙하게 앞뒤 구동력이 균형을 이루게 해주면 "이건 운전하기 쉽네"하

【 e-4ORCE는 전후협력으로 4륜의 구동력을 제어한다 】

응답성이 뛰어난 전동 파워트레인을 중심으로 브레이크까지 통합제어(각각 독립된 제어요소를 협조시키는 협조제어와는 약간 다르다)함으로써 요 방향의 움직임부터 피치나 롤 등의 차량자세까지 제어. 탁월한 라인 추종성을 발휘하는 동시에 움직임이 매우 부드러워서 기분이 좋을 정도이다.

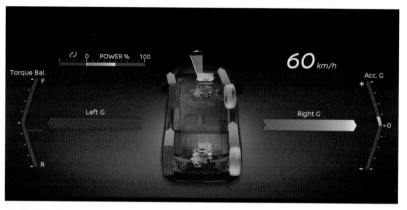

↑·↓ 항상 최적의 상태로 제어되는 각 바퀴의 구동력 상태가 모니터에 표시되는 모습. 사진은 모두 리프를 바탕으로 한 선행개발 차량 것이지만, 아리아에도 똑같은 기능이 탑재될 것으로 예상된다. 덧붙이자면 선행개발 차량에는 AWD의 센터 디퍼렌셜 작용을 모방한 소프트웨어가 들어가 있지만, 앞뒤로 각각 독립된 파워소스를 갖고서 필요한 출력을 자유롭게 끄집어낼 수 있는 e-4ORCE에서는 최종적으로 불필요하다는 결론에 도달했다고 한다.

고 느낄 수 있죠. 다만 구동에 엔진이 관여하는 HEV에서는 그렇게 되질 않습니다. 모터로만 구동하는 EV만 그렇다는 겁니다. 물론 HEV도 모터로만 구도하는 e-파워라면 가능합니다」

이런 전동구동의 가능성은 지금까지도 언급되어 온 것이다. 하지만 거기에는 인휠 모터가 아니면 어렵다는 의견도 적지 않았다. 제어응답성이 뛰어나도 휠과의 사이에 드라이브샤프트가 있으면 비틀림 진동으로 인해 정밀한 제어가 곤란하다고 생각되었기 때문이다.

「그것은 모터 1개를 엔진 대신에 놓고 메커니즘으로 4WD로 했을 경우의 이야기입니다. 실제로 우리도 1개의 모터를 사용한 메커니즘 4WD를 스터디한 적도 있었는데, 확실히 그것은 조금 어려운 부분이 있었습니다. 하지만 모터를 앞뒤 2개로 하면 가능합니다. 드라이브샤프트에는 비틀림이 발생하지만, 그것을 예측해 모터 구동력을 미세하게 제어함으로써 대처할 수 있다는 것이죠. 그것을 제진(制振)제어라고 합니다. 닛산은 이 제어와 관련해 많은 특허나 노하우를 갖고 있습니다. 비틀림과 역위상 토크를 만들어주면 단숨에 멈춘다는 사실도 그런 경우이죠. 그 기술을 이용하면서 2개의 모터를 탑재하면 상당한 수준까지 갈 수 있다는 사실을 알게 되었습니다」

전동이기 때문에 가능한 제어 자유도를 통해 지금까지 하지 못했던 것이 가능하다. 그것은 동시에 제어가 더 많은 기능을 담당한다는 것도 의미한다. 예를 들면 프로펠러샤프트나 센터 디퍼렌셜이 없는 전동 4WD에서는 일반적으로 이것들이 갖는 기능을 대체할

수 있는 소프트웨어가 필요하다. 실제로 아리아 개발초기 때는 이런 센터 디퍼렌셜 기능이 소프트웨어에 들어간 적도 있어서 기존 제어 ECU의 메모리 용량이 부족한 적도 있었지만, 최종적으로 이 센터 디퍼렌셜 기능은 생략하는 형태가 되었다. 이것은 차량 각 부분에 명확한 역할분담이 있고, 그에 따른 개발에서도 분업이 이루어졌던 지금까지의 체제에서는 일어날 수 없는 일이었다고 한다.

앞서 언급했듯이 모터의 등장으로 역할분담 경계가 애매해지면서 분업체제에도 변화가 생기게 되었다. 이것이 바로 히라쿠씨가 모두에서 이야기했듯이, 여태까지의 분업체제에서 만든 요소를 죄다 합치는 것만으로는 성립되지 않는다. 그런 가운데 ECU의 메모리 영역에 넣기 위해서 장벽을 넘는 형태로 합리화가 진행되었다. 그 결과 가운데 하나가 센터 디퍼렌셜 기능의 생략이다. 이로써 제어 소프트웨어가 간소해지면서 제어부하도 가벼워졌다.

「센터 디퍼렌셜이나 트랜스퍼가 필요 없게 되었는데, 이것은 1개밖에 없는 파워트레인의 구동력을, 메커니즘을 사용해 어떻

게 앞뒤로 배분할 것인지를 열심히 연구해 만든 결과입니다. 모터를 2개 사용하면 그것을 생각하지 않고도 독립제어가 가능하죠. 각 바퀴에 필요한 구동력을 걸어주면 되는 것이죠. 지금까지의 닛산은 개발(체제)이 분담되어 있었습니다. 섀시성능 그룹, 파워트레인성능 그룹 그리고 전동화 그룹 등으로 말이죠. 그것을 통합한 것은 닛산으로서는 첫 도전이었습니다. 통합을 통해 합리화된 제어개발의 시작이 아리아입니다」

개발체제까지 크게 수술칼을 들이댄 아리아의 e-4ORCE가 지향한 것은 EV가 아니면 실현할 수 없는 새로운 가치관의 창출이다. EV에는 항상 에코라는 키워드가 따라붙지만, 좋은 승차감과 안심하고 운전할 수 있는 조종안정성 또 파워를 즐길 수 있는, 지금까지 없던 더 좋은 승용물이 아리아라고 한다. 아리아의 등장은 조금 더 기다려야 하지만 e-4ORCE 기술은 직렬 하이브리드인 e-파워에도 적용가능하기 때문에 그것을 체험할 수 있는 날은 멀지 않아 보인다. 이런 질문에 웃음으로 대응하던 히라쿠씨가 보인 즐거운 표정은 기대를 갖게 하기에 충분했다고만 말해 두겠다.

EV에서는 파워트레인이 가장 응답성이 빠른 장치입니다. 여기서 게임 체인지가 일어나는 것이죠.

닛산자동차 주식회사
파워트레인·EV기술개발본부
(겸)기획·선행기술개발본부
기술기획부 담당부장
───────
히라쿠 료조(平工 良三)

CHAPTER 2

Dynamic Performance

모든 탑승객에게 최고의 안심과 쾌적을!

달리고, 돌고, 서는 3가지 기능뿐만 아니라 쾌적한 승차감이나 조용한 실내 공간 및 조작편리성 등, 많은 요소들로 구성되어 있는
닛산의 다이내믹 퍼포먼스 기술. 일관적으로 실현하고 싶은 가치와 서스펜션, 스티어링에 관한 최신사례를 살펴보겠다.

본문 : 안도 마코토 사진 : 닛산/MFi/야마가미 히로야 수치 : 닛산

[다양한 기술을 통합해 다음 단계로]

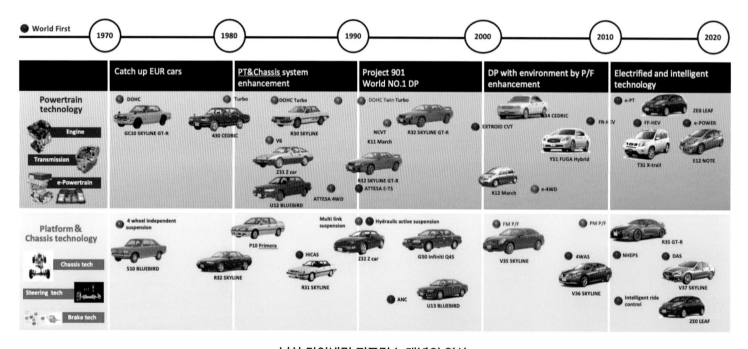

닛산 다이내믹 퍼포먼스 개념의 역사

다이내믹 퍼포먼스의 철학은 "안심과 쾌적"이다. C10형 스카이라인의 카탈로그에는 그와 통하는 "더 빨리, 더 쾌적하게 그리고 안전하게"라는 문구가 이미 실려 있다. 80년
대는 멀티링크 서스펜션을 통한 안전성 향상의 시대. 90년 이후가 되면 전자제어가 도입되기 시작하고, 21C에 들어와서는 복수의 시스템을 통합제어하는 시대가 되었다.

2016년에 발표된 닛산의 브랜드 콘셉트
가 "닛산 인텔리전트 모빌리티"였다. 지능화
기술이나 전동화 기술, 고속통신 기술을 융
합해 자동차에 새로운 가치를 부여하겠다는
의미이다. 그것을 뒷받침하는 것이 ① 인텔
리전트 드라이빙, ② 인텔리전트 파워, ③ 인
텔리전트 인티그레이션 3가지 기둥이다. 이
가운데 인텔리전트 드라이빙과 파워의 토대

가 되는 것이 이 글의 주제인 "다이내믹 퍼
포먼스 기술"이다.

철학은 「모든 사람에게 최고의 안심·쾌적
을 제공」하는 것이다. 풀어서 말하자면, 운
전자가 자신감을 갖고 자동차를 운전할 수
있을 뿐만 아니라, 타고 있는 동안 탑승객
이 자동차를 즐길 수 있도록 한다는 것이
다. 이것은 경자동차 데이즈부터 최고등급

의 GT-R까지 일관되게 변함없이 유지해 온
철학으로, 차량마다 주행환경을 중시하거나
사용형태에 맞추는 것은 캐릭터의 최적화에
지나지 않는다.

다이내믹 퍼포먼스 기술을 성능별로 분류
하면 ① 달리고 돌고 서는(운동성능), ② 정
숙성·승차감(쾌적성), ③ 운전조작 편리성
(drivability) 3가지로 나눌 수 있다. 더 구

체적 기술영역으로 세분화하면 ① 파워트레인, ② 섀시, ③ 차체, ④ 시트, ⑤ 주행조작 시스템이 된다.

이것들에 대한 기술개발 역사는 약 반세기나 되는데, 파워트레인 영역만 하더라도 69년에 판매된 GC10형 스카이라인 GT-R까지 거슬러 올라간다. 일본 차 최초의 DOHC 4밸브를 장착한 엔진을 탑재하고, 일본 내 투어링카 레이스에서 49연승이라는 금자탑을 세웠던 일은 이제 전설로 남아 있다.

섀시 영역에서는 67년에 판매된 510형 블루버드에서 찾을 수 있다. 닛산 차 최초의 4륜 독립현가식 서스펜션(앞 스트럿, 뒤 세미 트레일링 암)을 갖춘 블루버드는 사파리 랠리를 4연패하면서 내구성과 트랙션 성능의 우수성을 크게 어필했다.

물론 당시에는 "다이내믹 퍼포먼스"라는 말이 아직 존재하지 않았고, 그 이전부터도 각 요소기술의 성능향상은 당연히 진행되고 있었다. 하지만 레이디얼 타이어 보급이나 도메이 고속도로 개통(68년) 등, 주행속도의 고속화에 대응하기 위한 기술개발이 중시되기 시작한 것이 이 시기였다. 즉 오늘날의 "다이내믹 퍼포먼스 기술"과 통하는 철학이 의식되기 시작한 것이 이 시기였던 것이다.

그 후 「1990년에는 닛산 차의 주행성능이 세계 최고가 되어 있을 것」을 목표로 시작된 프로젝트 901에서는 승용차 세계 최초의 사륜조향 시스템 HICAS, 4WD를 운동 성능 향상으로 살린 아테사 E-TS, 마찬가지로 양산 승용차 세계 최초인 유압 액티브 서스펜션의 시판화 등, 기계기술과 전자제어기술을 융합시킨 신기술을 계속해서 발표하면서 기계기술의 인텔리전트화로 나아갔다.

이후에도 닛산은 꾸준히 목표를 향해 매진하면서 다양한 다이내믹 퍼포먼스 기술을 선보이다가, 현재의 섀시영역에서는 양산차 최초의 스티어 바이 와이어(steer-by-wire)인 DAS(Direct Adaptive Steering)와 IDS(Intelligent Dynamic Suspension)라는 결실을 맺고 있다.

앞으로도 안심·쾌적을 추구하는 철학은 변함이 없을 것이다. 키워드를 「Anytime Anywhere Anyone」으로 삼아, 고령 운전자나 초보 운전자 또는 운전자 외의 탑승객도 안심·쾌적(Anyone)한, 밤이든 비가 오든 또 눈이나 바람이 강해도 안심하고 운전할 수 있는(Anywhere & Anytime) 성능을 발휘하도록 기술개발에 매진하겠다는 방침이다.

다음 페이지부터는 이들 IDS와 DAS에 이르기까지의 여정과 기술에 대한 구체적 내용에 대해 살펴보겠다.

Dynamic Performance 기술

다이내믹 퍼포먼스 기술이란?
- ✓ 달리고, 돌고, 서기
- ✓ 운전조작 편리성
- ✓ 정숙성, 승차감

다이내믹 퍼포먼스를 뒷받침하는 시스템 기술
- ✓ 파워트레인
- ✓ 차체
- ✓ 주행조작 시스템
- ✓ 섀시
- ✓ 시트

자신감을 가질 수 있는 드라이빙과 주행의 쾌감을 실현하기 위한 요소

다이내믹 퍼포먼스 기술을 뒷받침하는 3개 기둥은 ① 달리고, 돌고, 서기, ② 정숙성·승차감, ③ 운전조작 편리성이다. 그것을 구체적인 기술영역으로 세분화하면 ① 파워트레인, ② 섀시, ③ 차체, ④ 시트, ⑤ 주행조작 시스템이 된다.

경자동차, 미니밴, 스포츠카
모두 철학은 똑같습니다.

닛산자동차 주식회사
선행차량 성능개발부 담당부장
(겸)기술기획부 담당부장
(겸)차량성능개발부
조종안정·승차감 성능설계그룹 주관

미무라 히로시(味村 寛)

특히 중시하는 포인트는 스티어링을 수정하지 않고도 상부의 큰 움직임을 억제해 불쾌한 진동과 소리가 나지 않도록 하는 것이라고 말하는 미무라씨. 차량 카테고리나 크기, 패키징이나 가격도 물론 최적화하고 있지만 지향하는 기본은 불변이다.

⊙ **Intelligent Dynamic Suspension**

감쇠력의 가변제어를
독창적 센싱으로 실현

피스톤 스피드 차이로 감쇠력이 크게 바뀌는 것을 피할 수 없는 댐퍼. 복수의 밸브방식이나 유압
액티브 구조를 거쳐 뛰어난 응답성과 에너지 손실이 적은 가변 댐퍼를 닛산이 만들어냈다.

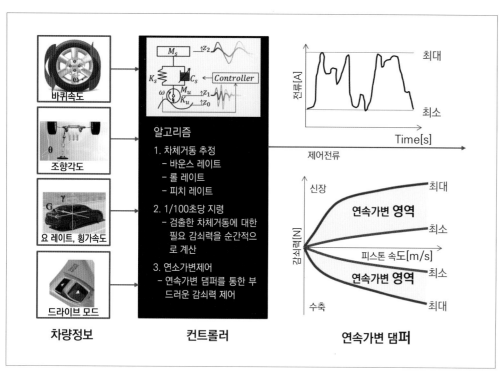

| 차량정보 | 컨트롤러 | 연속가변 댐퍼 |

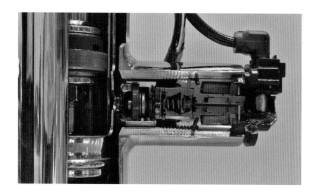

새로운 제어와 구조를 적용한 전자제어 댐퍼

IDS의 큰 특징은 기존 센서로만 차량 거동을 파악한다는 점. 횡가속도와 요 레이트는 VDC(일반 명칭은 ESC), 조향각은 통상적인 파워 스티어링과 같은 것을 사용하고, 스프링 위쪽의 거동은 바퀴속도 센서의 회전변동을 통해 파악한다. 이들 수치를 토대로 스카이훅 이론을 베이스로 한 제어로직을 이용해 최적의 감쇠력을 순간적으로 계산한다. 왼쪽 사진이 감쇠력 제어 밸브 부분이다.

안심·쾌적을 실현하는데 있어서 서스펜션에 필요한 것은 앞뒤로는 유연해야 하고 좌우로는 강성이 뛰어나야 한다는 것이다. 더 나아가 후방 서스펜션에 한정해서 말하자면, 횡력 추종(compliance)에서 바깥쪽 바퀴의 토가 인으로 향하는 것이다.

앞뒤로 유연성이 있으면 다리를 지날 때 조인트 단차 등의 충격을 후방으로 돌릴 수 있어서 쾌적성이 높아진다. 좌우로 강성이 높으면 선회할 때 타이어 방향이 안정되어서 안정감(stability)이 높아진다. 후방 서스펜션이 횡력으로 토인이 되면 선회할 때 뒷

바퀴의 슬립각이 증가하면서 횡방향 그립력이 커지고, 선회자세가 안정된다.

이런 휠의 앞뒤 및 좌우방향 움직임을 맡는 것이 서스펜션의 지오메트리이고, 상하방향 움직임을 지배하는 것은 스프링과 댐퍼이다. 어쨌든 과도적인 움직임에 있어서는 댐퍼에 대한 의존도가 높다.

하지만 오일의 유동저항을 이용해 감쇠력을 발생시키는 이상, 감쇠력이 유속의 2제곱에 비례해 커지는 것은 피할 수 없다. 한편으로 자동차에 요구되는 특성은, 충격 입력 같은 피스톤 속도가 빠른 영역에서는 감쇠력을 낮추는 것이 좋지만, 굴곡진 도로나 선회할 때의 자세변화 같이 천천히 크게 움직이는 영역에서는 높은 감쇠력으로 신속하게 자세를 안정시키는 것이 좋다.

이런 배반적인 요소를 양립시키기 위해서 하는 것이 디스크 밸브를 사용한 피크 커트

(peak cut)로서, 그것을 더 진전시킨 것이 2004년에 데뷔한 Y50형 후거에 적용된 듀얼 플로 패스 쇽업소버이다. 피스톤 밸브에 두 개의 유로를 설치해 압력차이가 커지면 메인 밸브를 열어 감속영역에서의 감쇠력 상승을 억제하는 시스템이다.

그런데 작은 기복(undulation)같은 미세 진폭은 굴곡진 도로나 차량자세 변화(롤이나 피치)와 피스톤 속도가 가까운 영역에 있어서 속도에 의존한 제어로는 양립하지 못한다.

그래서 주목한 것이 입력 주파수. 피스톤 속도는 똑같아도 작은 기복은 진폭이 작고 주파수가 높은 반면에, 자세변화의 진폭과 주파수는 반대 관계에 있다. 그것을 잘 이용하면 배반적인 요구를 양립시킬 수 있다고 해서 개발한 것이 Y51형 후거에 적용된 더블 피스톤 방식 쇽업소버이다. 피스톤 하

부에 설치된 부속실 내부에 프리 피스톤을 설정한 다음, 프리 피스톤의 가동범위에서 상실(上室)과 하실(下室)의 압력차를 흡수한다. 피스톤 속도가 같아도 고주파 미세진폭에서는 감쇠력이 발생하지 않아 승차감을 향상시킨다. 또 저주파 대형 진폭에서는 통상적인 감쇠력을 발생시켜 조종안정성도 양립시킬 수 있다.

이런 움직임을 더 높은 차원에서 성립시키는 궁극적 해법이 유압 액티브 서스펜션이다. 유압으로 차체 관성력을 떠받치기 때문에 항상 몇 마력을 소비하게 되는데, 연비나 전비(電費)가 중요한 앞으로의 시대에는 활용하기가 어렵다.

그래서 감쇠력 제어로만 과도영역을 최적화할 수 있도록 유압 액티브 서스펜션 개발에서 축적한 스카이훅 이론을 바탕으로, 새로운 제어 법칙을 구축해 개발한 것이

승차감 개선은 물론, 조종안정성에도 공헌

아래 그래프의 가로축은 경과시간, 세로축은 차량의 상하방향 거동을 나타내고 있다. IDS장착 차량(붉은 선으로 표시된 것)은 4륜의 감쇠력을 100분의 1초 단위로 각각 개별 제어할 수 있기 때문에, 승차감과 관련된 바운싱이나 피칭뿐만 아니라 조종안정성을 좌우하는 롤 속도 제어도 가능하다. 다만 제어할 수 있는 것은 과도특성뿐이다.

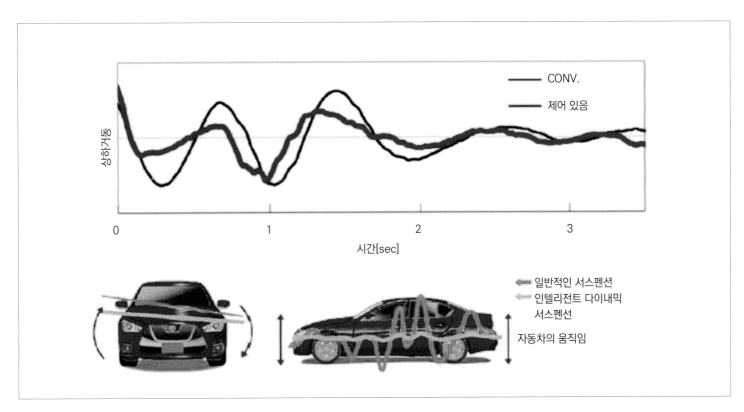

IDS(Intelligent Dynamic Suspension) 이다.

댐퍼에는 3중관 방식을 적용. 통상적인 복통(twin tube)식 댐퍼는 케이스 안에 있는 피스톤 밸브와 베이스 밸브로 감쇠력을 발생시키지만, 3중관의 중앙통로를 신장·수축 양쪽 통로로 사용해 바깥 케이스 외측에 설치한 감쇠력 제어 밸브로 감쇠력을 발생시키는 것이 특징이다. 제어부분을 케이스 바깥으로 뺄 수 있어서, 치수에 관한 제약이 대폭 완화되어 100분의 1초의 응답성을 갖는 솔레노이드 밸브를 통해 온 디맨드 제어가 가능해졌다.

여러 공급업체들이 이 댐퍼 구조 자체를 사용하고 있지만 IDS의 특징은 제어방법에 있다. 온 디맨드의 가변 감쇠력 제어에는 스프링 상부의 움직임을 파악할 필요가 있기 때문에 상하방향의 가속도 센서를 추가하는 것이 일반적이다. 하지만 IDS는 토대가 되는 시스템에 대해 센서를 추가하지 않고 바퀴속도의 회전변동을 바탕으로 스프링 상부의 움직임을 파악한다.

서스펜션은 위아래로 움직일 때 차체에 대해 미세한 각도를 가질 뿐만 아니라 바퀴속도 센서가 달려 있는 너클이 차축의 회전방향으로도 변위하기 때문에(windup), 이것이 바퀴속도의 회전변동으로 나타난다. 그리고 그 바퀴속도 변동과 스트로크 속도가 비례관계에 있다는 것을 밝혀냈다. 이것을 바탕으로 바운스·롤·피치 레이트를 추정하는 운동방정식을 구축한 다음, 그 설계결과를 감쇠력 제어에 이용하는 것이 IDS의 큰 특징인 것이다.

원리를 파악해 낸 노력은 말할 것도 없거니와, 그것을 실용화할 수 있도록 높은 정밀도로 설계한 실력에는 놀랄 수밖에 없다.

닛산자동차 주식회사
인피니티 제품개발본부 인피니티 제품개발부
섀시&차량 운동성능개발그룹 주관
(겸)전자기술·시스템 기술개발본부
섀시개발부
섀시시스템 개발그룹 주관

사토 마사하루(佐藤 正請)

기초적 기술이 튼튼하지 않으면 아무리 전자제어를 진행해도 자동차로서는 좋아지지 않는다는 사실을 오랜 동안 체험해 왔다고 말하는 사토씨. 경쟁회사보다 앞서서 댐퍼에 신기술을 투입해온 닛산의 개발 자세를 엿볼 수 있다.

> 종래의 기술을 단련하면서
> 가변영역을 확대해 나갈 계획이다.

⊙ **Direct Adaptive Steering**

"연결되지 않은" 스티어링과
타이어가 만드는 최고의 균형

운전자의 조향을 센서가 감지하고 액추에이터가 상황에 맞춰서 최적의 전륜 조향각을
만들어 내는, 그야말로 획기적 시스템이 DAS이다. 노면에서 올라오는 반력을
"취사선택"해 정보로 전달한다는 장점도 간과할 수 없다.

통상적으로 기계적 결합은 하지 않는 스티어링 시스템

칼럼 샤프트 중간에는 롤러 클러치가 설치되어 있어서 엔진 시동이 걸리면 스티어링
휠과 기어 박스의 결합이 풀린다. 조향각과 차량속도를 바탕으로 스티어링 앵글 액
추에이터가 랙 기어를 움직이고, 요 레이트나 횡가속도 등을 통해 반발력을 계산. 그
것을 스티어링 포스 액추에이터로 송신해 스티어링 감각을 만들어낸다.

자동차의 운전 상태를 변화시키는 시작이
노면과 타이어가 접지하는 지점이다. 전후
방향 운동이라면 구동과 제동력을, 좌우방
향 운동이라면 타이어에 슬립각을 줘서 운
동상태를 변화시킬 수 있다. 섀시 영역에서
말한다면 「조향」이다.

양산 승용차의 조향에 대한 제어기술 적
용은 앞바퀴가 아니라 뒷바퀴부터 시작되
었다. 85년에 R31형 스카이라인에 탑재
된 HICAS(High Capacity Actively Con-
trolled Suspension)가 그 시작이다. 이 기
술은 세미 트레일링 암 방식 서스펜션을 서

브 프레임 상태에서 유압 액추에이터로 움
직이는 방식이다. 최대 조향각 0.5도에, 조
향방향은 앞바퀴와 동일위상(同相)뿐이라
세미 트레일링 암 방식의 약점인 횡력 토 아
웃을 보정하는 것이 큰 목적이었다.

HICAS는 88년에 HICAS II로 개량되어

차량응답 제어	가변기어비 제어	조향반발력 제어

후방 액추에이터

고(高)정밀도 센서

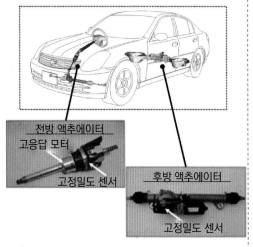

전방 액추에이터
고응답 모터
고정밀도 센서

후방 액추에이터
고정밀도 센서

High Capacity Actively Controlled Suspension(HICAS)

차량속도와 조향각에 맞춰서 뒷바퀴를 동일 방향으로 조향함으로써 조종안정성을 향상

4 Wheel Active Steering(4WAS)

차량속도와 조향각에 맞춰서 앞뒤바퀴를 조향해 조종안정성을 향상

Direct Active Steering(DAS)

핸들과 타이어 각각을 제어할 수 있는 특징을 살려서 경쾌한 조향감과 높은 조향각 변경 성능을 실현

지금까지 닛산이 조향성능을 제어해온 역사

세미 트레일링 방식 리어 서스펜션의 동상(同相)단절부터 시작된 조향제어는 서스펜션 형식이 멀티링크로 바뀌면서 기본적인 안정성이 향상되자 위상반전 제어와 더불어 회두성(回頭性) 향상을 겨냥하게 되었다. 나아가 앞바퀴의 가변 기어비를 제어할 수 있게 되자 앞뒤 바퀴 모두를 제어하게 되었지만, 뒷바퀴의 1차 지연 동상제어는 컴플라이언스 스티어로 대체할 수 있기 때문인지 DAS에서는 뒷바퀴를 조향하지 않게 되었다.

S13형 실비아에 탑재. 후방 서스펜션 형식이 멀티링크로 바뀐 이유도 있어서 앞바퀴처럼 타이로드로 너클 방향을 바꾸는 방식으로 바뀌면서 최대조향각도 동상 1.0도까지 넓어졌다.

89년의 R32형 스카이라인부터는 제어에 마이크로컴퓨터를 도입한 수퍼 HICAS로 진화. 중속영역으로 선회할 때는 코너 진입 시 역위상으로 전환하고 나서 동일위상으로 바뀌는 위상반전 제어를 적용해 회두성 향상에도 이용하게 되었다. 나아가 93년에는 조향 액추에이터가 전동화된 전동 수퍼 HICAS로 바뀐 이후, R34형 스카이라인이 모델 변경되는 02년까지 계속 적용되었다.

큰 전환기를 맞이한 것은 06년의 V36형 스카이라인. 뒷바퀴 외에 앞바퀴 조향각도까지 통합해서 제어하는 4륜 액티브 스티어로 발전한 것이다.

시스템은 현재와 같은 스티어 바이 와이어가 아니라, 스티어링 칼럼에 하모닉 드라이브(strain wave gearing)를 매개로 스티어링 기어 비율의 가변제어를 가능하게 한 것이다. 앞바퀴를 넉넉히 돌림으로써 요(yaw)의 려기(勵起)를 촉진할 수 있기 때문에 뒷바퀴의 위상반전 제어는 하지 않게 되었다. 이것이 현재의 DAS(Direct Adaptive Steering)로 이어진다.

V36형 스카이라인 시스템에서는 스티어링이 기계적으로 연결된 상태에서 앞바퀴 조향각을 제어했기 때문에 조향 반발력으로 제어감이 드러났다. 이것을 분리함으로써 위화감을 없애려고 한 것이 현재 세대에서 스티어 바이 와이어로 바꾼 큰 목적이다.

시스템 그림을 보면 칼럼 샤프트는 연결되어 있는 것처럼 보이지만, 이것은 만일을 위한 페일 세이프를 목적으로 한 것이다. 칼럼 샤프트 중간에는 롤러방식의 클러치가 설치되어 있어서, 엔진 시동을 걸면 전자 코일로 전기가 통해 클러치가 떨어지면서 기계적인 결합이 풀린다.

스티어링 클러치는 듀얼 피니언 방식이다. 각각에 전기 모터(Steering Angle Actuator, 이하 SAA)가 달려 있고, 양쪽이 ECU를 갖고 있다. 이것도 페일 세이프 때문으로, 통상은 한 쪽이 마스터로, 다른 한 쪽이 보조장치로서 작동한다. 이상이 발생했을 경우에 정상적인 쪽을 사용해 작동하도록 되어 있다.

조향 느낌은 스티어링 포스 액추에이터(Steering Force Actuator, SFA)에 의해 만들어지고, 반발력은 피드백 제어에 의해 만들어진다. SAA의 회전각과 그 결과로 발생하는 요 레이트, 전후좌우 G를 검출하는 외에 제어전류에 대한 SAA의 각도변화 등도 가미해 스티어링 랙의 입력을 추정한다. 이것을 바탕으로 만들어야 할 조향 반발력을 연산한다. 바퀴자국 같은 외부입력은 SAA의 뛰어난 조향각 서보성능을 통해 진로의 외부충격 요인을 최소한으로 하는 한편, SFA의 조향 반발력에는 외부충격을 반영시키지 않기 때문에 운전자에게는 마치 외부충격 요인이 없었던 것처럼 느끼게 해 줄 수 있다.

DAS는 앞서 언급한 전자제어 쇽업소버 IDS와도 통합제어된다. 조향정보를 감쇠력 제어에 반영해 앞으로 일어날 자세변화를 예측함으로써, 적절한 타이밍에 적절한 감쇠력을 발휘시키는 것이 가능하다. 특히 DAS는 스티어링 입력을 통해 응답 지체를 예측한 전륜 조향각을 제어할 수 있기 때문에, 거기에 맞는 감쇠력을 IDS 쪽에서 준비해 놓음으로써 DAS의 조향 응답성 향상효과를 더 잘 끌어낼 수 있다.

또 DAS는 타이어의 반발력이 제어에서 중요하기 때문에, 대전제는 타이어가 올바로 접지되어야 정확한 제어가 가능하다는 것이다. 그 때문이라도 IDS을 통한 승차감=타이어 접지의 변동억제 제어가 중요하다.

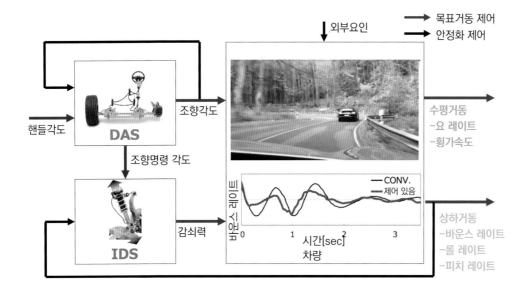

스티어 바이 와이어와 가변 댐퍼의 연계

DAS는 스티어링 휠부터 랙 기어까지 용장요소가 영향을 끼치지 않을 뿐만 아니라, 응답지체까지 가미한 선제적 제어가 가능하기 때문에 매우 빠른 조향응답을 얻을 수 있다. 나아가 앞바퀴에 슬립각이 생기면서 세로하중이 발생하는 타이밍에 맞춰 IDS에서 약간 높은 감쇠력을 동시에 준비해 놓으면 민첩한 조향응답을 더 빨리 끌어낼 수 있다.

전자제어는 앞으로도 적용범위가 더 확대될 것으로 예상되지만, 모든 것이 제어로 해결되는 것은 아니고 차량 요소도 중요하다고 두 사람은 말한다. 또 제어에 필요한 전력량과 통신량 문제도 앞으로의 자동차에서는 무시할 수 없는 과제라고 한다.

스티어링 무게뿐만 아니라 응답성도 바꿀 수 있다는 점이 DAS의 큰 특징입니다.

닛산자동차 주식회사
전자기술·시스템기술개발본부
AD/ADAS&섀시제어개발부 부장

마츠모토 신지로(松本 眞次)

닛산자동차 주식회사
전자기술·시스템기술개발본부
AD/ADAS&섀시제어개발부 주관
(겸)플랫폼·차량요소기술 개발본부
섀시개발부 주관

구보카와 노리키(久保川 範規)

바탕이 되는 섀시성능이 좋으면 AD/ADAS도 더 적응하기 쉽죠.

스티어 바이 와이어의 장점

DAS는 2013년에 스카이라인에 탑재되어 데뷔했지만 아직 적용된 모델 수는 많지 않다. 이번에 짧은 시간이지만 본지 집필진이 새롭게 테스트 코스에서 시승해 보았다.

▶ 꽉 맞물려 있는 느낌에 잡맛이 없는 감각을 실현 [마키노 시게오]

현재의 EPAS(Electric Power Assist Steering)는 모두 다 조향할 때의 반응을 제어가 만들어낸다. 즉 조향감은 「모조품」이다. 하지만 모조품이든 진품이든 간에 자신이 기대하는 느낌이라면 상관없다. 스카이라인의 DAS는 더 발전해 스티어링 기구가 스티어링 휠 쪽과 바퀴 쪽으로 나뉘어 있다. 만에 하나 고장났을 때는 제외하고는 기구적 연결이 없다. 당연히 모든 조향감은 전부 만들어낸 것인데, 그 만드는 방법이 오묘하다. 먼저 스티어링 랙 쪽의 체결강성이 상당히 높다고 느끼게 한다. 유격 해소도 뛰어나다. 약간 천천히 좌우로 돌리면 적당한 반응을 동반하면서 진로가 바뀐다. 스티어링을 돌리고 나서 기다릴 때의 잡맛이 없는 것에는 미소마저 들게 한다. 되돌렸을 때

의 타이어 SAT(Self Aligning Torque)가 줄어드는 것도 자연스럽다. 짓궂게 1.5Hz정도의 빠른 속도로 좌우로 돌려도 스티어링을 돌리는 방향과 진로는 똑같다. 일상적인 조향각 속도에서는 완전히 평화롭다. 그리고 같은 시스템을 적용한 인피니티 QX와의 조향감 차이는 「제어로 무엇이든 가능하다」는 증거이다. 개인적으로 신경 쓰이는 것은 중립 부근의 「유격」이 적다는 점이다. 양쪽으로 벽을 만들고 싶지는 않지만, 조금 더 명쾌한 유격이 있어도 괜찮을 것 같다. 또 90도 이상 돌렸을 때의 모터의 관성보상 같은 제어, 용장성을 갖게 하려면 이것도 필요하지 않을까…

▶ 쾌적한 조향감은 역시나 매력적. 맛도 다양하게 느낄 수 있다. [세라 고타]

DAS를 탑재한 스카이라인과 인피니티 QX50의 스티어링을 잡았다. 몇 번이나 운전해 봤던 스카이라인을 몰 때는 좋은 느낌을 재확인했다. 실제로는 스티어링과 타이어 접지면이 기계적으로 연결되어 있지는 않지만, 흡사 연결되어 있는 것 같은 정보(에 해당하는 감각)를 손바닥으로 전해 준다. 바퀴자국에 핸들이 잡히면서 휘청거리는 원더링(wandering)이나 저주파 입력 등, 불쾌하게 느끼는 노이즈 성분을 차단할 수 있다는 것이 DAS가 가진 장점 가운데 하나이다. 스카이라인에 대한 적합여부는 목적한대로 효과를 내고 있다는 느낌이다. 운전자와 자동차의 대화가 가능할 뿐만 아니라 쓸데없는 노이즈를 없애주는 덕분에 편하게 운전할 수 있다.

이번 시승회에서는 경험하지 못했지만, 프로파일럿 2.0과의 조합에서는 타이어와 스티어링이 기계적으로 연결되지 않은 장점을 최대한으로 활용하고 있다는 것을 실감할 수 있다. 타이어 움직임을 시시콜콜히 스티어링 움직임으로 재현하지 않는 것이 마음에 든다(성급히 움직이면 차분하지 않은 기분이 든다).

북미 사용자의 기호에 맞추었기 때문일까, QX50은 반발력이 결여되어 있어서(맥없이 가볍게 돌아간다) 중량물인 자동차를 조종한다는 감각이 아주 약하다. 어떤 의미에서는 제어할 수 있는 범위가 광범위한 잠재력을 갖고 있다고도 느껴졌다.

거친 노면에서도 직진성을 지키면서 불쾌한 반발력을 줄인다. 구불구불한 도로에서의 민첩성이나 주차장 등에서의 적은 조작량 등, 상반되는 요소를 상황에 맞춰서 자유롭게 만들어 내는 것이 DAS의 목적이다.

CHAPTER 3

Autonomous & ADAS

지향점은 운전자를 능가하는 인지판단능력

계속해서 진화 중인 파일럿 2.0의 무대 뒤 이야기

아리아에는 준텐초 위성을 이용해 위치를 측정하는 프로파일럿 2.0의 최신 버전이 탑재된다.
이 기술은 전부터 닛산이 자율주행의 실증실험을 통해 개발해온 것이다.

스카이라인에 탑재되는 프로파일럿 2.0에는 닛산이 자율주행 기술의 선행개발과 실증실험에서 얻은 성과가 직접적으로 적용된다. 기능적으로는 고속도로에서의 자율주행 형태로 들어가지만, 실장되는 알고리즘 등은 (실증실험 차량에서의) "이식"이라도 해도 무방할 만큼 뛰어난 수준이다.

→ Motor & Battery

고속도로 전용에서 일반도로로
용장성 강화와 작동범위를 확대

완전 자율주행은 아직 더 미래의 이야기이지만, 자율주행을 이용할 수 있는 상황은 앞으로 착실하게 확대될 것이다.
열쇠를 쥐고 있는 것은 센서나 컴퓨터 등과 같이 자동차 이외의 분야로부터 접목되는 기간기술의 발전이다.
닛산에서는 이것들을 신속히 적용하기 위해서 자율주행의 실증실험을 적극적으로 추진해 왔다.

본문 : 다카하시 잇페이   사진 : MFi/닛산

거대한 시스템을 탑재했던 실증실험 차량

선대 리프를 바탕으로 한 자율주행 기술의 실증실험 차량. 실증실험용 「고도 운전지원기술 자동차」로는 일본에서 처음으로 정식 번호판을 받은 차량이기도 하다(복수 존재). 수 십대나 되는 카메라를 비롯해 LiDAR 등 수많은 센서를 탑재, 후방 게이트에는 그것들로부터 들어오는 막대한 정보를 처리하는 워크 스테이션으로 점령되어 있었다. 목적은 자율주행 기술용 개발 플랫폼의 구축이었다.

멀지 않아 자율주행 시대가 온다….

이 말이 널리 퍼지기 시작하고 나서 어느 정도의 시간이 흘렀을까. 2015년, 닛산은 초대 리프(ZE 0형)를 바탕으로 한 실증실험 차량으로 자율주행 모습을 공개했다. 당시 개최되었던 도쿄 모터쇼 2015 전시장(도쿄 린카이부도심)을 중심으로 한 약 17km 코스를 무대로, 미디어 관계자를 조수석에 태우고는 출발부터 도착(출발지점으로 돌아오는)까지 자율주행에 관한 모든 과정을 보여주었다. 그 후 닛산은 미국이나 영국에서도 똑같은 행사를 개최했다. 2017년 10월에는 인피니티 Q50을 베이스로 만든 차량으로 도쿄 린카이부도심을 주행해 보이기도 했다.

자율주행의 실증실험은 세계 각국에서 펼쳐지고 있으며, 성과도 많이 공개되고 있다. 그런데 미디어 관계자라고는 하지만 불특정 다수를 초대해 동승시점에서 시작부터 끝까지 다 보여주는 행사를 다른 곳에서는 들어본 적이 없다. 경쟁분야인 자율주행 기술은 베일에 쌓인 부분이 많은 만큼, 어느 나라가 또 어느 메이커가 낫다거나 하는 우열은 부여하기 어렵다. 그럼에도 불구하고 공개된 것을 바탕으로 판단해 보건데 닛산은 세계 상위권이라고 해도 무방할 것 같다.

「도쿄, 산호세 그리고 런던에서도 매번 전체적으로 미디어에 자율주행 기술을 공개한 사례는 없었을 겁니다. 특히 2017년 도쿄 모터쇼에서의 시범주행은 사내 적으로두 최고의 이벤트였다고 할 정도로, 그 시점에서는 세계최고 수준에 도달했었다고 생각합니다. 매번 두말할 필요 없이 누구나가 모든 것을 볼 수 있도록, 그때마다 기술적 완성에 대한 도전이기도 했지만 거기서 기술적으로 도약할 수 있었습니다. 전부 다 공개하는 것이 한편으로는 우려되기도 했지만, 우리 팀은 2013년부터 약 4년 동안 과감히 도전해 왔기 때문에 현시점에서 누구보다 빨리 도달할 수 있었다고 생각합니다. 2017년을 예로 들어 말씀드리면, 도요스시장 앞에서 교차로 등을 포함한 일반도로를 달려 ETC 게이트를 통해 수도고속도로를 타고는 완간선으로 진입한 다음, 일반도로로 내려와 U턴하고 다시 ETC게이트를 통해 본선차선에 합류해서 다시 돌아오는…. 당시에 이것을 할 수 있는 곳은 없었다고 자부합니다」라며 자율주행·ADAS 선행기술 개발을 총괄하는 이지마 부장이 열변을 토한다.

실제로 닛산의 「프로파일럿 2.0」은 시판 차량에 탑재되고 있는 자율주행 기술에 있어서 확실히 최첨단을 달린다고 할 수 있다. 하지만 자신감 넘치게 말하는 이지마 부장의 웃음과 닛산이 쌓아온 실적을 바라보고 있자니 조금 다른 현실이 떠오른다. 왜냐면 자율주행에 있어서는 일본 내 미디어를 중심으로 일본의 메이커와 기술개발을 둘러싼 환경에 관해서 자학적 논조도 적지 않기 때문이다.

날마다 보도되는 AI(인공지능) 기술의 발전에 관한 화제 등을 접해보면, 이해하기 어려운 것까지 전달하면서 「일본은 뒤처져 있지 않은가」하며 불안하다는 견해를 나타내곤 한다. 하지만 그런 "미래의 기술"에 관한 발표 대부분은 주로 투자 등을 끌어내려는 것 등이 목적인 "프레젠테이션"으로, 화려한 언론플레이 측면도 강하다. 그에 반해 2017년까지 닛산이 공개해 온 자율주행 시범주행은 「그야말로 팩트」(이지마 부장)인 것이다.

그런데 이외로 이지마 부장에 따르면 완전한 자율주행은 아직도 가야 할 길이 멀다고 한다. 덧붙이자면 앞서의 시범주행에서 선보인 자율주행 기술을 탑재한 차량은 운전자의 조작개입 없이 달릴 수 있다는 점에서 레벨3 상당의 기술을 실현한 것이지, 운전자를 필요로 하지 않는 무인 완전자율주행과는 다르다.

완전자율주행에는 인간 운전자와 동등 이상의 능력이 필요한데, 먼저 거기서 문제가 되는 것이 "보는 능력"을 담당하는 카메라 성능이다. 고속도로를 100km/h 정도로 달리다가 정체 말미의 차량들을 감지하는 데 있어서, 안전하게 정지할 수 있는 200m 직전에서 포착하기 위해서는 최소한 8메가픽셀(이하 MP)의 해상도가 필요하다. 하지만 현재의 차량용 카메라 해상도는 최대가 2.3MP정도이다. 8MP 차량용 카메라는 2022~2023년 무렵에 등장한다고 하는데, 적어도 지금 현재는 기본적 기능이 아직 갖춰져 있지 않다.

만약 카메라 성능이 충족된다 하더라도 차량용 컴퓨터 능력이라는 문제를 또 해결해야 한다. 차량의 주변 360도 시야를 확보하기 위해서는 여러 대의 카메라가 필요하고, 그런 카메라의 화소수가 커지면 받아들이는 정보량도 늘어난다. 그것을 처리하기 위한 컴퓨터도 상당한 성능이 요구되는 것은 두말할 필요도 없다. 카메라 화상으로부터 필요한 정보를 추출하는 화상처리 SoC(System on Chip)에는 AI기술의 응용이 유효하지만, 그 정보를 받아서 어떤 운전동작을 할지 판단하는 부분은 AI에 맡기기 어렵다.

심층학습(deep learning)이나 중첩학습 같이 기계학습 방법의 일종이 주류가 된 현재의 AI기술은 주로 뇌 시야각의 신경구조를 흉내 낸 것으로, 지능이라기보다는 지각이고 "(신경)반사"에 가깝다. 원래 OCR(Optical Character Recognition)로 불리는 문자인식 기술이 능력적으로는 뛰어나지만 운전조작 판단에 요구되는 "지성"과는 걸맞지 않다. 결코 "의식"을 가질 수 있는 마법의 기술은 아닌 것이다.

닛산이 쌓아온 노하우가 자율주행에서 상황판단의 기준이 되다.

물론 제3세대에 해당한다고 평가 받는 현재의 AI발전이 눈부신 성과를 거둔 것도 사실이다. 그 중에서도 단일곱셈의 병렬처리를 잘하는 GPU(Graphics Processing Unit)를 CNN(Convolutional Neural Network=합성곱 신경망, ※ 앞서의 딥 러닝, 중첩학습과 같은 뜻)에 응용하는 아이디어는 AI기술의 발전을 뒷받침하는 기둥 가운데 하나라고 할 수 있다. 하지만 아무리 발전하려고 해도 본질적 부분은 바뀌지 않는다.

닛산이 자율주행 시범에서 이용한 리프나 인피니티 Q50은 카메라 등의 화상처리에 AI기술이 사용되었지만, 운전동작을 판단하는 부분은 예전서부터의 "IF-THEN"제어가 대부분을 차지했다고 한다. "이런 때는 어떻게 해야 하나"라는 선택조건(이것이 IF-THEN)을 포함해 조목별로 쓴 스크립트(대본)를 따라 판단하는 것처럼 행동하는 프로그램이다. 당연히 모든 조건의 "대본"을 엔지니어가 하나하나 써야 하기 때문에 그 노고는 물론이고, 막대한 양의 대본을 "초고속"으로 실행하기 위해서는 컴퓨터도 아주 뛰어난 처리능력이 요구된다.

앞서의 인피니티 Q50에서는 12대의 카메라와 소나, 9개의 밀리파 레이더 그리고 6개의 라이다(LiDAR)를 탑재. 그 장치들로부터 들어오는 정보를 처리하면서 외부상황을 인지하고 운전동작으로 이어지는 판단을 내리기 때문에, 트렁크 룸은 워크스테이션급 컴퓨터로 가득 차 있었다. 즉 레벨3에 해당하는 기술 수준만 실현하는 데도 이 정도 시스템이 필요한 것이다. 완전 자율주행으로 가는 장벽이 얼마나 높은지 상상할 수 있을 것이다.

「(센서나 컴퓨터 등의) 기반기술은 기본적으로 자동차 분야 밖에서 온 것이라 우리가 제어할 수 있는 영역이 아닙니다. 물론 뒷짐만 지고 있을 수는 없으므로 지금 시점에서 가능한 한 좋은 것(센서 등의 컴포넌트)을

모아서 차량에 적용해 실제로 주행해 보고, 필요하다고 판단되는 조건이나 거기서 얻을 수 있는 사실과 현상을 추려냄으로써 시뮬레이터 등의 개발 플랫폼을 구축하는 것이 자율주행 자동차의 실증실험을 하는데 있어서 하나의 목적이죠. 그를 통해 센서 등의 성능이 향상되었을 때 신속히 대응할 수 있습니다. 중요한 것은 지금까지 해왔던 실증실험의 주행거리뿐만 아니라, 전체적으로 안전성을 검증할 수 있는 시스템(방법이나 순서도 포함), 그것을 확립하는 겁니다」(이지마부장).

덧붙이자면 이 인피니티 Q50에는 자율주행용 HD맵(고정밀 지도)이 탑재되었는데,

이 기술은 나중에 등장한 스카이라인의 프로파일럿 2.0으로 이어진다. 실증실험용 인피니티 Q50에서는 민간 GNSS위치보정 정보서비스까지 이용해 높은 정확도(cm단위)의 위치정보를 취득했지만, 스카이라인에서는 이 기능을 생략하고 일반적인 GPS를 이용하면서 HD맵 외에 카메라 화상까지 참조하는 식으로 고속도로 상의 차선을 특정하는 기술이 들어가 있다.

GNSS위치보정 정보서비스는 측량 등에 이용되는 서비스로서(유상), 준텐초위성이 제공하는 위치정보에 해당한다. 17년 시점에서는 아직 준텐초위성(유도) 운용이 시작되지 않았기 때문에 실증실험용 인피니티

Q50에서는 이것을 이용했던 것인데, 원래는 측량용도가 메인이라 이동물체인 자동차에는 어울리지 않는다. 높은 정확도의 위치정보를 얻기 위해서는 기본적으로 "분"단위의 시간이 걸린다. 스카이라인의 프로파일럿 2.0을 적용하지 않았던 것은 (GNSS위치보정 정보서비스가) 유상이라는 측면이 강하지만, 닛산에서는 높은 정확도의 위치정보를 얻기 위한 보정계산 알고리즘을 개량해 고속화하는데 성공하고 있다. 이 기술은 준텐초위성에서 오는 보정신호를 이용해 자차의 위치를 특정하는 것에도 응용할 수 있다.

그리고 21년에 등장한 아리아에서는 준텐초위성을 이용하고 있다. 종래의 GPS와

스카이라인의 프로파일럿 2.0
다이내믹 맵이 제공하는 고속도로의 고정밀 지도 데이터를 실장, 3안식 전방카메라와 드라이버 모니터링용 카메라 등, 최신기술을 탑재하고는 고속도로에서 추월이나 분기점의 선택 진입끼지를 핸즈프리 상대로 한다. 카메라로 포착한 영상을 고정밀 지도와 비교해 주행차선의 특정 등에 필요한 정확한 위치정보 취득기술을 이용함으로써, 준텐초위성을 이용하는 위치측정 기술과 동등한 정밀도를 실현한다.

똑같이 L1 주파수대로 제공되는 신호 외에, L6 주파수대의 위치보정신호 나아가서는 L2 주파수대의 신호를 받아들이는 시스템으로, 특히 L1과 L2 주파수대를 동시에 수신하는 듀얼밴드 대응은 세계최초이다.

한편 아리아에 탑재된 프로파일럿 버전 표기는 2.0 그대로이지만, ECU 자체는 아리아용으로 새로 설계되어 GHz(기가헤르츠) 수준에서 구동되는 멀티코어 CPU가 탑재된다. AD제어장치로 불리는 이 ECU는 운전동작 판단과 스티어링이나 브레이크 그리고 파워트레인 제어를 담당하는 장치로서, 카메라나 레이더에 탑재된 정보처리 장치에서 출력되는 정보를 받아들이는 형태를 취한다. 여기에 실장되는 소프트웨어에는 기본적으로 "IF-THEN" 알고리즘이 이용되는데, 지금까지 프로파일럿을 통해 닛산이 쌓아온 자율주행의 상황판단 노하우가 코드화되어 있다고 생각해도 무방할 것 같다. 하드웨어 구성까지 포함해 여유도를 중시한 제작방법도 특징 가운데 하나이다.

아리아에 탑재된 프로파일럿 버전도 "2.0"에 머물러 있지만, 준텐초위성을 이용하는 위치측정 시스템이 적용됨으로써 위치 정밀도(특히 전후방향)가 크게 향상. 터널 같은 곳에서 나올 때도 더 신속히 위치정보를 파악할 수 있다고 한다. 가운데에 AD컨트롤 장치로 불리는 ECU 내장의 프로파일럿 시스템은 센서 장치 변경이나 추가 등에 따른 업데이트가 비교적 쉽다. 확장 가능한 구조는 항상 최신 기술을 추구해 온 (자율주행의) 실증실험 자동차의 경험이 살아있는 부분이다.

> 실증실험은 주행거리가 아니라 전체적으로 안전성을 검증할 수 있는 시스템 확립이 가능한가가 포인트입니다.

닛산자동차 주식회사
전자제어·시스템기술개발본부
AD&ADAS 선행기술개발부
전략기획그룹 부장

이지마 데츠야(飯島 徹也)

말하자면 준텐초위성을 이용하는 위치측정 시스템을 적용함으로써 업그레이드를 도모한 프로파일럿 2.0인 것이다. 같은 2.0에서도 스카이라인에서는 최종적 자차위치를 특정하는데 카메라화상을 이용했기 때문에, 준텐초위성을 통한 위치측정과 비교하면 특히 전후방향에서 약간의 오차가 생기는 부분이 있다. 이것을 흡수하도록 진로예측 알고리즘이 개량되었다. 물론 이 기술은 아리

샤크 핀 안테나를 듀얼로 장착

아리아의 GPS시스템은 L1 주파수대 외에 L2 주파수대도 수신할 수 있는 세계최초의 듀얼밴드 대응이다. 전파간섭 등의 문제를 회피하도록 2개의 샤크 핀에 AM·FM용을 포함해 복수의 안테나 요소를 분산배치(프로파일럿 2.0 탑재 차량만). 3안 전방카메라 장치에는 스카이라인과 마찬가지로 모빌아이의 화상처리SoC, EyeQ4를 내장.

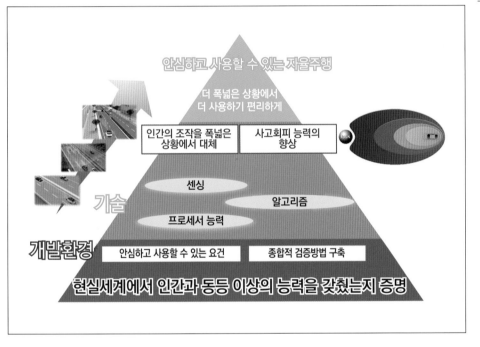

자율주행이나 ADAS시스템에는 인지, 판단, 조작 3 요소가 필수적으로, 각각이 다양한 기계나 시스템으로 이루어지기 때문에 복잡하지 않을 수 없다. 그 가운데 어느 하나에 문제가 생겨도 안전성을 담보할 수 있는 여유도 확보가 프로파일럿에서 특히 중시되는 점으로, 개발 과정까지 영향을 주는 형태로 노하우가 축적되어 왔다. 현재의 자율주행 능력은 센서 성능에서 정체를 겪고 있지만, 기술은 착실하게 발전하고 있어서 2025년 무렵에는 카메라 등의 센서 부문에서 고성능화가 달성될 것으로 예상된다. 그로 인해 자율주행이 앞으로 더 크게 확대되어 나갈 것이다.

아의 프로파일럿 2.0에도 이어져 위치정보 정확도가 비약적으로 향상됨으로써 성능향상을 기대할 수 있다고 한다. 구체적으로는 터널 등과 같이 위성 신호가 잘 미치지 않는 장소에서 밖으로 나올 때 등, 자기위치를 정확하게 특정할 때까지의 시간이 크게 단축된다는 것이다. 자차위치를 특정하는데 복수의 수단을 이용하는 것은 여유도 확보로도 이어진다.

이지마부장에 따르면 완전한 자율주행은 아직도 갈 길이 멀지만, 자율주행 기술은 카메라나 라이다 등과 같은 센서 등의 발전을 통해 기능과 작동범위를 조금씩 넓혀 갈 것이라고 한다. 이상적인 것은 차량용 센서만으로 모든 것이 완결되는 시스템 형태이지만, 당분간은 HD맵이나 클라우드 소스맵(차량용 라이다 등에서 수집된 정보를 클라우드에 업로드해서 공유하는 시스템)이 차량용 하드웨어의 한계를 보완해 줄 것이다. 지금 있는 기술로 할 수 있는 것, 가능성을 최대한으로 끌어내려는 자세 등은 닛산뿐만 아니라 자율주행 기술을 개발하는데 있어서는 보편적이다. 하지만 그것을 진지하게 쌓아옴으로써 세계 최고 수준까지 도달한 닛산에게는 틀림없이 남이 갖고 있지 않은 장점이 있다. 그리고 하드웨어의 고성능화에 따른 차량용 소프트웨어의 중요도가 비약적으로 커질 앞으로를 대비해서, 닛산에서는 소프트웨어 부문의 체제를 이미 강화하고 있다고 한다. 거기에는 리프나 인피니티 Q50의 자율주행 자동차로부터 키워온 경험이 담겨 있을 것이다.

승용차의 글로벌 브랜드와 LCV 전문이라는 측면

닛산의 자동차사업은 LCV=소형 상용차를 빼고는 말할 수 없다.
새로운 카테고리의 창설과 타사와의 협력은 LCV분야에서도 계속 활발했다.

본문&사진 : 마키노 시게오 사진 : 닛산

나바라(NAVARA)

2021년에 판매되기 시작한 신형 나바라는 ADAS를 비롯해 닛산 인텔리전트 모빌리티 기술을 탑재했다. 닷산 트럭에 뿌리를 둔 닛산의 픽업 트럭으로, 태국에서 생산된다. 중남미용은 프런티어로 부른다.

1999년 3월에 RNA(Renault·Nissan Alliance)가 탄생한 직후, 유럽에서는 르노와 유럽GM(오펠·복스홀)이 같이 추진해 왔던 LCV(Light Commercial Vehicle=소형 상용차)의 모델 공유에 닛산도 올라 탔다. 이것은 르노의 강력한 요청을 받아들인 결과였다. 르노가 개발하고 유럽GM 산하의 IBC비클즈(여기는 1999년 2월까지 이스즈가 자본참여를 했었다)에서 르노 트래픽과 오펠·복스홀 비바로를 생산할 예정이었지만, 닛산이 참여함으로써 스페인의 닛산 모터 이베리카에서 생산이 가능해졌다. 닛산은 밴 타입 생산을 혼자 떠맡았다. 특히 하이 루프 사양은 천정이 낮은 IBC비클즈에서는 생산하기 어려웠기 때문에, 닛산의 참여는 그야말로 천군만마를 얻은 상황이었다. IBC비클즈는 왜건 사양 생산에 전념했다.

당시 유럽의 LCV시장은 연간 약 170만 대 수준. 점유율 쟁탈이 치열해서 톱인 르노가 16%, 2위 그룹은 10~11%로 피아트와 시트로엥, 제3 그룹은 포드, 푸조, 메르세데스 벤츠, 폭스바겐이 각각 7~10%, 그 아래로 5~6%의 오펠, 4% 대의 닛산이 뒤를 이었고, 토요타는 3% 정도였다. 따라서 RNA의 탄생은 LCV시장의 일대 사건이었다. 점유율 16%의 르노와 4%의 닛산이 합쳐지면서 점유율 20%의 단독 1위가 탄생한 것이다.

닛산은 2005년까지 LCV 점유율을 6%까지 올린다는 계획을 세우고 르노와 함께 상품을 상호 보완해 나가기로 했다. 르노는 대형법인 고객사를 많이 갖고는 있었지만 일반 사용자 개척은 못하고 있었다. 한편 닛산은 본토 유럽 메이커가 별로 주목하지 않던 개인상점을 중심으로 한 일반 사용자 개척에서 활로를 찾고 있었기 때문에 이 양사의 조합은 이상적이었다.

당시에 필자는 르노의 LCV 간부로부터 「닛산이 갖고 싶었던 것은 LCV부대이다. 그것으로 부동의 1위가 될 수 있다」는 이야기를 들었다. 닛산은 2002년 9월에 르노 트래픽의 배지 엔지니어링(badge engineering) 자동차인 스페인 제품 프리마스타를 투입하는 동시에 르노로부터 공급받는 캉구의 형제차 큐비스타도 판매했다. 닛산의 유럽용 LCV는 모두 르노와 공동으로 진행되면서 르노에게 투자분산이라는 큰 장점을 가져다주었다. 동시에 판매점도 재편되었다. 지역별로 규모가 큰 르노 딜러 가운데 히브 딜러를 선정하고, 그곳이 중심이 되어 닛산 LCV 병행 판매점을 설치하거나 소규모 딜러를 흡수·합병함으로써 판매를 효율화하기 위한 것이었다.

RNA 탄생 4년 후, 닛산은 이자 지불 부채를 다 갚고 V자 회복을 이룬다. 르노가 닛산에 요구한 것은 「축소균형으로 체력회복을 기다렸다가 기회를 봐서 공격적으로 나간다」, 「인원감축과 사업매각도 진행한다」같이 무거운 행동으로, 유럽에서는 당연한 것이었지만 당시의 일본 상업적 습관에는 없었던 것이었다. 하지만 그것과는 별도로 RNA라고 하는 대동단결 차원의 행동 지침은 거의 유럽시장에만 의존했던 르노를 「글로벌하게 생산하는 자동차 메이커」로 바꿔 나간다. 그 과정에서 닛산이 구축

SUT 콘셉트

1999년에 캘리포니아의 NDI(Nissan Design International)가 제안한 SUT(Sports Utility Truck). 미국 비즈니스 위크지의 상품 디자인상에서 금상으로 뽑혔지만 양산은 진행되지 않았다. 하지만 타사 디자이너와 상품기획 담당자에게 큰 영향을 줘서 트럭 다양화의 원동력이 되었다. 아래는 디자이너 톰 센블이 그린 아이디어 스케치. 애조에 픽업트럭이라고 하는 장르가 시민권을 얻은 배경에는 일본에서 1960년대 말부터 미국으로 수출된 닷산 트럭이라는 존재가 있다. 또 캐빈 구획을 개폐식으로 한 아이디어는 나중에 GM의 쉐보레 아발란치에 화물칸 생산방식으로 채택되기도 했다.

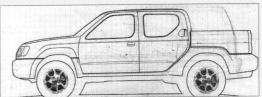

한 글로벌 생산 네트워크가 큰 역할을 해준다. 가장 먼저 상용차 생산에서 르노지원에 나선 닛산 모터 이베리카야 말로 그 첨병이었다.

르노의 해외사업은 1979년에 AMC (America Motor Corporation)와 마크 트럭을 매수한 상태에서 북미사업을 시작

했지만, 유럽에서의 판매저조가 계속되는 1987년에 승용차 사업을 유럽지역으로만 한정하는 결정을 내리면서 AMC로부터 자본을 철수했다. 그 후 르노가 국제적으로 주목 받은 것은 1993년에 발표된 볼보 카즈 (승용차 부문)와의 합병이었다. 하지만 이때도 볼보 쪽 주주가 강경하게 반대하면서

합병은 백지화되었다. 1997년에는 르노와 볼보 카즈의 주식 상호보유도 해소되었다. 르노가 진짜 의미에서 글로벌 메이커가 되는 것은 닛산에 출자하고 나서부터이다.

현재 닛산의 글로벌 차량생산 거점을 138~139페이지에 정리해보았다. 자동차가 생산되는 지역을 보면, 닛산의 불모지대

유럽에서의 LCV사업

1999년에 닛산과 얼라이언스를 맺은 르노는 2000년에 바로 LCV분야로까지 광범위한 협력관계를 구축하기 시작했다. 르노/오펠의 공동 프로젝트였던 르노 트래픽/오펠 비바로 생산을 닛산이 일부 하청 받고, 닛산 디젤의 중형 트럭이 르노에도 공급되었다. 르노는 캉구를 닛산에 큐비스타라는 이름으로, 마스터를 인터스타라는 이름으로 공급했다. 당시 유럽에서는 이미 LCV 설계공유와 「재활용」이 당연시되었다. 닛산은 디젤 엔진도 르노에 제공했다.

는 남미 정도이다. 그 중에서도 북미와 중국 생산체제의 충실도가 눈에 띈다. 앞서 언급했듯이 르노는 AMC로부터 자본을 철수한 시점에서 미국시장을 떠났다. 중국은 같은 프랑스의 PSA보다 먼저 닛산의 지원으로 겨우 시장을 개척하기 시작했다.

2021년 5월, 르노·닛산·미쓰비시 3사는 새로운 얼라이언스를 맺고 상품분야와 시장별로 「3사 가운데 한 곳이 그 분야의 책임을 갖고 리더가 된다」는 리더&팔로어 도입을 발표했는데, 그 중에서 지역별 분담을 보면 르노는 유럽과 러시아, 남미, 북아프리카에서 리더를 맡는 것으로 나와 있다. 프랑스를 중심으로 컴퍼스로 원을 그린 것 같은 수비범위이다. 닛산은 일본과 중국, 북미에서 리더를 맡고, 미쓰비시는 아세안과 호주 지역의 리더이다. 타당한 지연분배로 보인다.

해외생산 거점만 하더라도, 예를 들면 유럽세가 아시아 등에서 펼쳐온 CKD(반조립 제품, Complete Knock Down), 즉 생산에 필요한 모든 부품을 포장해서 해외로 보내고 그것을 현지에서 조립만하는 경우는 생산=프로덕션이라고 하지 않는다. 현지 산업과의 접점은 거의 없고 단순히 소량의 자동차만 조립해서 판매하는데 지나지 않는다. 일부 부품을 현지에서 조달하는

SKD(Semi Knock Down) 정도가 되어야 다소나마 현지와의 연계가 이루어진다. 하지만 현지에서 많은 소재와 부품을 조달하는 생산=프로덕션 단계로 옮겨간 사례는 유럽 자동차 메이커 가운데는 별로 없었다. 유럽시장만 갖고도 사업규모는 충분

했기 때문에 굳이 역외로 진출할 필요가 없었던 것이다.

일본 자동차 메이커는 그런 상황은 아니었다. 근대공업에 눈뜨고 나서는 해외로부터 자원을 수입한 뒤, 그것을 제품으로 만들어 수출하는 가공무역을 통해 성장해 왔

북미 닛산회사
● 테네시주 스미르나공장
　승용차 : 알티마, 맥시나, 리프
　경트럭 : 로그, 패스파인더, 인피니티 QX
● 미시시피주 캔턴공장
　승용차 : 알티마
　경트럭 : 무라노, 타이탄, 타이탄XD, 프론티어, NV패신저, NV카고
● 테네시주 데카드공장
　유닛생산 : 엔진, 변속기

멕시코 닛산자동차회사
● 쿠에나바카공장
　승용차 : 바사
　상용차 : NV200, NP300, NP300 프런티어
● 아구스칼리엔터스 제1공장
　승용차 : 마치, 바사, 킥스
● 아구스칼리엔터스 제2공장
　승용차 : 센트라
● 아구스칼리엔터스 파워트레인공장
　유닛생산 : 엔진

COMPAS(다임러와의 합병공장)
　트럭 : 인피니티 QX50

러시아 닛산자동차 제조회사
● 상트페테르부르크공장
　승용차 : 엑스트레일, 캐시카이, 무라노

영국 닛산자동차 제조회사
● 선더랜드공장
　승용차 : 리프, 캐시카이, 쥬크

● 르노·프랑스공장(위탁생산)
　승용차 : 마이크라(마치)
　※ 인도의 오라가담공장에서 생산 이관

닛산 모터 이베리카회사
● 바르셀로나공장
　상용차 : e-NV200, 나바라

타이탄(TITAN)

닛산의 미국차량공장 가동은 1983년 테네시주 스미르나공장이 최초였다. 차량은 58년부터 판매, 본격적인 수입을 위한 북미 닛산회사는 1960년에 설립되었다. 현재는 미국시장의 상징으로까지 불리는 대형 픽업 타이탄(사진)부터 소형 승용차까지 다양한 모델을 현지생산하고 있다.

남미는 역사적으로 르노가 강하고, 르노한테도 중요한 해외생산거점이다. 르노 브라질에서는 킥스를 생산해 중남미 각국에 출하하고 있다. 르노의 아르헨티나 코르도바공장에는 닛산도 생산투자를 했다. 앞으로 르노 주도로 개발되는 CMF-B 플랫폼을 사용해 닛산 및 르노의 각 브랜드로 합계 7차종을 투입할 예정.

닛산 이집트모터
● 기자공장
　승용차 : 센트라
　상용차 : 픽업트럭

닛산 사우스아프리카(남아공화국)
● 프레토리아공장
　상용차 : NP200, NP300

스탈리온 NMN(니제르)
　상용차 위탁생산
　※ 닛산 사우스아프리카 회사는 2020년 6월에 가나와 케냐에 차량공장(아마도 녹다운=KD조립)을 건설할 계획임을 밝혔다. 향후 2년 동안 크로스오버 SUV를 중심으로 7차종을 투입한다고 한다.

주 : 미국에서의 차종분류는 세단, 해치백, 쿠페 등이 승용차 계통, 픽업트럭, 미니밴, SUV가 트럭 계통이기 때문에 공장에서의 생산품목도 여기에 따랐다.

기 때문에 항상 제품의 생산 확대와 새로운 판로 개척은 기본적 활동이었다. 물론 유럽세나 미국 빅3도 판로확대에 대한 야심은 항상 갖고 있었다. 하지만 소련이 군림했던 시대의 유럽세는 동쪽으로 진출하지 못하고 남하하더라도 북아프리카까지였다. 미

국 빅3 가운데 GM과 포드 같은 경우, 유럽에서 1930년대까지 현지생산 체제를 갖추었다. 그 후 남하해서 중남미를 지배 하에 두었지만 태평양을 넘어서 향한 곳은 호주였다.

새롭게 닛산의 현 해외생산 거점을 정리

하면서 일본 자동차 산업이 시장을 개척하려고 바다를 건너서 CKD나 SKD가 아닌, 현지에 녹아드는 산업진출을 진행했던 발자취를 알게 되었다. 자국만으로는 기업 활동을 완결 지을 수 없다는 현실적 선택이었던 것이다.

닛산자동차의 차량생산공장

← 닛산자동차가 공개한 「회사개요」를 바탕으로, 각국 현지에서의 최신보도 및 현지의 보도발표를 추가해 필자가 작성했다. 이 이외에도 소규모 SKD거점이 있지만 생략했다. 닛산이 정식으로 폐쇄를 발표하지 않은 공장은 그대로 기재했다.

닛산자동차 주식회사
- 도치기공장
  승용차 : 스카이라인, 페어레이디 Z, 370Z, GT-R, 후거, 후거 하이브리드, 시마 하이브리드, 인피니티 Q70·Q60·Q50
- 옷파마공장
  승용차 : 리프, 노트
- 닛산자동차큐슈 주식회사
  승용차 : 세레나, 엑스트레일, 로그(수출), 로그 스포츠(수출)
- 닛산차체 주식회사
  상용차 : NV150AD, 패트롤, 패트롤 픽업, 시빌리안, 아틀라스, 기타 특장차
- 닛산차체큐슈 주식회사
  승용차 : 엘그랜드, 알타마, 인피니타 QX80
  상용차 : 패트롤, NV350 카라반

자동차 진출을 노리던 삼성재벌은 1994년에 닛산과 제휴, 부산에 공장을 건설했다. 닛산 세피로를 삼성 SM5로 명명해 1998년부터 생산하기 시작했지만, 다음해 한국IMF 위기로 인해 정부가 산업계에 개입하면서 삼성은 대우재벌과 사업교환(빅딜)에 합의했다. 하지만 조업정지 상태로 삼성자동차의 경영이 파탄 나고 최종적으로는 르노가 2000년 7월에 매수하면서 현재의 르노삼성이 된다.

둥펑자동차 유한공사(합병회사)
- 둥펑닛산 승용차공사(화도공장)
  승용차 : 실피, 실피EV, 라니아, 티다, 킥스
- 둥펑닛산 승용차공사(양양공장)
  승용차 : 티아나, 무라노, 엑스트레일, 인피니티 Q50L
- 둥펑닛산 승용차공사(정주공장)
  승용차 : 엑스트레일, 베누시아 D50/D60EV/T60/T70/T90
- 둥펑닛산 승용차공사(대련공장)
  승용차 : 캐시카이, 인피니티 QX50
- 둥펑닛산 주식유한공사
  승용차 : 둥펑브랜드용 LCV

정주닛산자동차 유한공사(합병회사)
닛산브랜드 : 나바라, 테라
둥펑브랜드 : 픽업트럭 등 LCV

위룽자동차제조 주식유한공사(위탁생산)
승용차 : 실피, 티다, 엑스트레일, 킥스

※ 닛산이 르노와 자본제휴한 직후, 2000년에 대만의 위룽자동차가 닛산모터 필리핀의 경영권을 인수했는데, 그 때 닛산차의 제조권이 위룽 산하의 닛산모터 필리핀과 필리핀 현지자본인 유니버설 모터 콜롬비아 2사로 분할되었다. 현재는 KD위탁생산으로 가동되고 있다.

태국닛산자동차회사
- 제1공장
  승용차 : 알메라, 마치, 노트, 킥스 e-파워
- 제2공장
  상용차 : 나바라, 테라

인도네시아닛산 자동차회사(폐쇄)

탄촌·모터·어셈블리즈(말레이시아=위탁생산)
- 쿠알라룸푸르공장
  승용차 : 아반
  상용차 : 나바라

탄촌·베트남(위탁생산)
- 다낭공장
  승용차 : 서니, 엑스트레일

탄촌모터 미얀마(위탁생산)
  승용차 : 서니

르노닛산 오토모티브 인디아
- 첸나이(오라가담)공장
  승용차 : 킥스, 닷산GO, 닷산GO+, 닷산redi-GO, 서니(수출전용)
  ※ 2020년에 1.0터보엔진을 탑재한 B세그먼트 SUV 「매그나이트」를 발표한 뒤, 2021년 1월부터 판매. 킥스의 인도판으로, 인도에서 수출도 한다.
- 간다라닛산(파키스탄)
- 카라치공장(KD생산중지 중)

호주정부는 1992년 이후 단계적으로 승용차 수입관세를 인하하겠다고 1991년에 발표, 이를 계기로 후에 현지공장을 갖고 있던 미일 자동차 메이커들이 잇달아 철수했다. 닛산은 1992년 11월에 현지생산을 종료.

양광(SUNNY)

사스(SARS)가 유행하던 2003년의 상해모터쇼에서는, 2002년 9월에 설립된 닛산과 둥펑자동차와의 합병회사인 둥펑자동차 유한공사를 통해 현지에서 생산된 서니(陽光)가 선보였다. 사진은 당시의 둥펑자동차 유한공사의 나카무라 가츠미 총재. 그 후 닛산은 중국에서 일본계 브랜드 가운데서는 최다의 연간 판매대수를 기록할 정도까지 성장했다.

매그나이트(MAGNITE)

인도시장용 B세그먼트 SUV로, 2021년부터 판매되고 있다. 킥스의 형제차라고 할 수 있으며, 킥스도 태국에서 발표되어 일본으로 태국생산차가 수입된다. SUV 유행은 세계적 트렌드이지만, C세그먼트 SUV 유행은 닛산 캐시카이가 판매된 이후이다.

CHAPTER 4

GT-R & Fairlady Z

스포츠카의 비즈니스 모델
「혼은 디테일에 담겨 있다」

「스포츠카는 어떤 차일까」「뭐가 스포츠라는 거지」… 이런 물음에 대해 자동차 메이커마다 또 개발진마다 고유의 생각이 있다.

그렇다면 자동차 메이커가 생각하는 비즈니스 모델로서의 스포츠카 제조는 어떤 모습일까 –

본문&인물사진 : 마키노 시게오 사진&수치 : 닛산

닛산자동차 주식회사
상품기획본부
상품기획부
치프 프로덕트 스페셜리스트
━━━
다무라 히로시(田村 宏志)

푸른 보디 컬러는 안 팔린다고 하더군요.
그래서 수은등 아래에서 비치는 블루를 찾았죠.
R34 GT-R은 전체적으로 블루가 20%가 팔렸죠.

R34 GT-R에 설정된 청색 「완간 블루」는 빛에 따라서는 은색으로도 비친다. GT-R 오너들이 모이는 완간구역의 밤을 이미지화했다고 한다. 다무라CPS의 청색 애호는 다카하시 구니미츠(高橋 國光)선수가 몬 3세대 스카이라인 「하코스카」에서부터 시작되었다고 한다.

20MY 니스모에 사용된 노란색 캘리퍼는 1,000℃까지 올라가는 카본 세라믹 소재 로터의 열에 견디면서 변속되지 않는 유일한 색이다. 압도적인 성능을 자랑하면서도 페달 스트로크가 적은 시내 주행 때는 뛰어난 제어성까지 겸비하고 있다.

상품기획본부·상품기획부의 다무라 히로시CPS(Chief Product Specialist)는 현재 GT-R과 페어레이디Z를 담당하고 있다. 자동차를 좋아하는 운전자, 특히 나이가 조금 있는 운전자 시각에서는 이 두 모델이 닛산을 오랫동안 대표해온 간판 스포츠카로 보이겠지만, 아마도 실정은 전혀 다르다. 사실 존속 자체가 어려운 모델들인데, 그 이유는 회사 차원의 투자효과 때문이다.

예전에는 「스포츠카를 만들고 싶어서 자동차 메이커에 취직했다」고 말하는 사람도 적지 않았다. 하지만 자동차가 상품에 대한 넓은 분야의 식견까지 필요로 하는 상황으로 바뀐 탓일까, 현재는 「자동차에는 별로 흥미가 없다」고까지 말하는 사람들이 결코 소수가 아니다. 이것이 나쁘다거나 하는 말이 아니다. 자동차를 둘러싼 환경이 조금씩 바뀐 결과일 뿐만 아니라, 일본에 자동차가 거의 포화상태에 가까울 정도로 보급된 결과라는 것이다.

– 그런데 다무라씨, 저는 Z의 새로운 콘셉트 카를 보고서 상당히 놀랍고 또 기쁜 마음이 들었습니다. Z의 리뉴얼은 거의 없을 거라고 생각하고 있었거든요.

「2017년에 제가 기획안을 만들었습니다. 몇 년 전까지의 닛산은 제가 Z를 하고 싶다고 말하면 『무슨 말을 하는 건가, 자네는』하는 말부터 들었죠. 그런 과정을 거치면서 우치다(內田)사장이 프로젝트 진행을 맡겨주었던 겁니다」

– 할 땐 하는 군요, 닛산도. 사실 지금이야말로 해야 할 때라고 생각합니다. Z는 구심력이 될 수 있죠.

「무엇보다 제 자신이 하고 싶었습니다. 조금 동안(童顔)이기는 해도 저도 이제 곧 정년을 맞습니다. 1984년에 입사해 지금까지 닛산에만 몸담아 왔죠. 저는 자동차를 좋아합니다. 또 이 회사는 저만의 생각일지 모르겠지만, 자동차라는 상품을 창조하는 잠재력이 아주 높다고 생각합니다. 예전부터 쭉 자동차를 좋아했는데, 그것을 이따금 작업으로 구현하는 행운을 누렸던 것이 저이거든요. Z만 하더라도 제가 생각했던 부분이 꽤나 반영되었죠. 지금 단계에서는 아직 밖으로 공개할 수 없지만, 저 자신이 만들어 보고 싶은 자동차입니다」

동기는 그것만으로도 충분하다. 맡겨진 것이 아니라 자발적으로 기획안을 만들고 최종적으로 회사가 받아들였다. 그 다음은 과감히 추진하는 일만 남았을 뿐이다. 그렇다 해도 GT-R과 Z를 만들다니 얼마나 행운인가 하는 생각이 드는 동시에, 상당히 어려운 모델들이라는 생각도 지울 수 없다. 스피드만이 아니다. 아니 스피드는 부차적이고 방식이나 작법, 양식미 등등, 그런 것들이 중시되는 세계의 자동차이기 때문이다.

「사실은 2001년에 R34 스카이라인 GT-R의 M스펙을 만들 때, 앞으로는 고급스러운 스포츠 카를 생각하지 않으면 안 되겠다고 생각했었죠. 38살 때였습니다. 20년 후의 자신을 그리면서 망상을 품었다고나 할까요」

– 바로 지금의 다무라씨 나이가 아닙니까. 아, 그래서 2001년의 GT-R 콘셉트가 그랜드 투어러였던 거군요. 그때 제가 디자인 부문 책임자인 나카무라 시로(中村 史郎)씨한테 다무라씨를 소개 받고 도쿄모터쇼 전시장에서 인터뷰했던 기억이 나네요.

「완전 까먹고 있었습니다(웃음)」

– 저도 이제 막 보여주신 화면을 보고 생각났습니다.

「앞으로 이 모델들은 성인이 구매해 줄 테니까, 성인을 위한 스포츠카를 확실히 만들어야 한다고 생각합니다. 때문에 가벼움을 우선시하기 보다는 장비 때문에 약간의 무게를 감수해야한다는 생각입니다. 배터리는 한랭지 사양입니다. 시트 히터도 필요하구요. 슈트를 입고 탈 수 있다는 점을 감안하면 모켓(moquette) 시트 소재는 움직이기 힘들어서 생각해 볼 필요가 있을 겁니다. 당시의 R34는 서킷 랩타임을 0.01초라도 줄이려는 생각으로 만들었지만요. 저 자신도 사실 그런 세계를 좋아하기는 하지만, 성인을 위한 그랜드 투어러(Grand Tourer)를 제안하고 싶은 생각입니다」

– 예를 들면 애스턴 마틴 같은?

「거기에 재규어도 있죠. 영국으로 대표되는 신사 느낌이지만 주행성능이 높은 자동차를 일본에도 도입해야 한다고 보는 거죠」

이렇게 말하는 다무라CPS가 실제 GT-R

NEW 카본 앞 펜더 약 **4.5**kg

NEW 카본 루프 약 **4**kg

카본 뒤 범퍼&트렁크 리드 약 **2.5**kg

NEW 카본 엔진 후드 약 **2**kg

약 **4**kg 카본 앞 범퍼

티타늄 머플러 약 **4.5**kg

2020년 모델 GT-R 니스모는 공기역학적 세련미와 함께 철저히 가볍게 만들었다. 자동차라는 폐쇄적 구조의 상품은 정공법으로 공략한다, 이런 다무라CPS의 의도가 잘 느껴진다. 디테일 하나하나가 그야말로 정서에 호소한 부분이 하나도 없이 너무나 이론적이다.

상품기획에서는 「투 웨이」방향으로 나누어서 추진했다. 하나는 아우토반 같은 고속도로를 사용한 장시간 주행을 안전·쾌적하게 달리는 초고속 자동차, 이것이 GT-R의 기본형이다. 다른 하나는 독일 뉘르부르크링 북쪽코스 1바퀴의 랩타임을 0.01초 단위로 다투는 스프린트 레이스 세계로, V스펙은 이쪽이다. 하지만 「뿌리는 하나」라서, 궁극적으로는 운전하는 즐거움(Driving Pleasure)의 추구이다. 큰 방향성은 하나인 것이다. 하지만 거기에 도달하는 길은 두 가지가 있다고 다무라CPS는 말한다.

실제로 다무라CPS가 참여한 과거의 GT-R 모델 변천을 돌이켜보면 이 투 웨이 성향의 발상을 엿볼 수 있다. 베이스 GT-R은 장거리 고속 자동차로 숙성시키는 한편으로 첨단 스프린트 레이스 사양을 만든 것이다. 이 점은 GT-R의 전임자였던 미즈노 가즈토시(水野 和敏)씨와는 접근방식이 다르다. 하지만 밖에서 닛산이라는 회사를 40년 가까이 지켜본 필자의 눈에는 지향하는 점이 똑같다고 느껴진다.

눈이 내리기 시작하는 직전의 계절, 뉘르부르크링 서킷의 차가운 트랙에서 미즈노씨는 필자에게 이렇게 말한 적이 있다.

「마키노씨. 단가 인하만 신경 써서 임금이 싼 해외로 생산을 이전하는 비즈니스 모델이 언제까지 계속될 거라고 생각해요? 달리 팔릴 만한 물건을 찾아야 하지 않을까요? 그래서 내가 치밀하게 좀 계산해 봤죠. 개발비와 판매관리비, 광고비, 도치기에 있는 생산 라인의 고정비든 뭐든 전부 다 대수로 나누어서, 뉘르부르크링까지 매년 테스트하러 오는 비용을 확보하고 있습니다. 필요 없는 부분은 철저히 줄이고 그 대신에 작은 성능이라도 향상시키는 데는 천 원이라도 투자해야 한다는 거죠」

필자가 본 미즈노씨는 여분의 것에는 돈을 쓰지 않는 한 가지 사양에 집중하는 사람으로 느껴졌다. 반면에 다무라CPS는 2가지 방향으로 나누어 추진한다. 그래서 GT-R 니스모는 경이적인 초고성능 사양이 된 것이다. 그런데 미즈노씨가 전폭적으로 신뢰했던 테스트 드라이버 스즈키 도시오(鈴木 利男)씨에 대한 인터뷰 메모를 다시 읽어보니 내 느낌이 흔들린다.

「저는 자신의 페이스로 뉘르부르크링을 달립니다. 그래서 스로틀을 최대로 열거나 닫거나만 하지 않습니다. 조금씩 밟는 경우도 많죠. 타임어택은 여흥 같은 것이라고나 할까요. 제가 못 본 아우토반의 롱 투어링은 차량실험 부서의 가미야마 유키오(神山 幸雄)씨가 봅니다. 미즈노씨는 저의 의견을 존중해주기는 하지만, 균형을 잡는 데는 타협이 없을 정도이죠」

300km/h로 달릴 수 있는 초고속 자동차의 개발은 우선 차량안정성과 안전성이 최우선이다. 이것을 확보하지 않고는 더 고성능의 스프린트 사양으로 나아갈 수 없기 때문이다. 그런 의미에서 과거의 GT-R이나 현재의 GT-R 모두 방향성은 동일하다. 다무라CPS가 말하는 투 웨이는 원래부터 GT-R이 갖고 있던 속성이다. 필자는 그렇게 생각한다.

「17MY(2017년 Model Year) 니스모는 공기역학을 최우선시한 모델로서, 사이드

페어레이디Z 프로토타입의 온라인 발표 이벤트 때 모습. 운전석에 앉아 있는 사람이 우치다 마코토(内田 마코토) 대표이사 사장 겸 CEO. 차기 Z 프로젝트를 우치다사장이 승낙했다. 2022년 6월부터 글로벌 판매가 시작된다.

1969년에 데뷔한 초대 S30계부터 세대를 거듭하면서 간직해온 디테일이 도처에 담겨져 있다. Z32를 연상시키는 후방 콤비네이션 램프. Z34의 위로 올라간 벨트 라인. 잘록해진 사이드 실은 전통을 현재로 잇겠다는 의도일까. 엠블럼은 S30과 똑같은 서체이다.

실의 승하차 우선순위를 뒤로 늦추면서까지 만든 형상입니다. 니스모라서 허용된 것이지만, 반대로 니스모는 그렇게 하지 않으면 안 되는 존재인 겁니다. 엔진의 토크 커브만 하더라도 중속영역을 올렸기 때문에 코너를 치고 나올 때의 가속이 0.2초 정도 빨라졌죠. 또 보디도 그렇습니다. 17MY에서는 풀 모델 체인지에 가까울 정도로 설계를 변경했죠. 필러나 보닛도 바꿨고요. 한 마디로 지붕을 바꾼 겁니다」

그 변경방식에서 다무라CPS의 감성을 엿볼 수 있다. 15MY 보디와 비교해 비틀림 강성은 거의 엇비슷하지만, 앞뒤 댐퍼 보디 마운트 위치에서의 비틀림 강성을 똑같이 했다. 15MY에서는 앞쪽이 뒤쪽 강성 값보다 조금 낮았는데 그것을 수정한 것이다.

「프로 레이싱 드라이버들로부터 『앞이 조금 부드러운 느낌』이라는 말을 들었습니다. 앞쪽의 반응이 미미하게 느리다는 것이었죠. 그것을 수정했더니 서스펜션 세팅도 쉬워졌다는 엔지니어들이 의견까지 참조해서 보디 대수술을 결행했던 겁니다. 하지만 강성뿐만 아니라 충돌강도 내구성이라는 측면도 봐야 하죠. 특히 옵셋 충돌이 그렇습니다. 이전의 40% 옵셋뿐만 아니라 보디 바깥쪽을 벗겨내는 수준의 스몰 옵셋도 시험 문제에 추가되었거든요. 프런트 사이드 멤버 주변에는 타이어&휠, 서스펜션 같이 하나에 몇 십kg 단위나 되는 부품들이 매달려 있는데다가, 엔진·변속기 무게도 사이드 멤버가 받습니다. 사이드 멤버에 약 400kg의 물체가 실려 있는 셈인데, 주행 중에는 상하 방향뿐만 아니라 좌우방향으로도 변형 모멘트가 발생합니다. 튼튼하지 않으면 안 되는 것이죠. 하지만 충돌할 때는 계산대로 변형되면서 찌그러지지 않으면 또 곤란하죠. 엄청난 이율배반인 셈입니다. 17MY를 밖에서는 전혀 몰랐겠지만 엔진 구역과 상부 보디를 대폭 바꿨습니다」

– 그렇기는 하지만 비즈니스인 이상, 출혈이 큰 서비스는 있을 수 없지 않습니까. 단가를 정확히 계산해서 들어가는 비용과 얻게 되는 효과를 비교는 해 보셨겠죠?

「고속영역에서의 수정 조향이 완전히 다릅니다. 그 대목은 커다란 방향선회였죠. 240km/h로 달릴 때의 수정 조향 빈도가 13YM에서 14MY로 바뀔 때 단번에 줄어들었고 15YM에서는 더 줄었지만, 17YM에서는 거의 눈에 띄지 않게 되었습니다. 300km/h로 아우토반을 달려도 13MY의 240km/h보다 똑바로 달릴 수 있게 되었습니다. 300km/h에서의 직진안정성은 평판이 자자한 독일 자동차보다 높아졌을 정도니까요. 그것이 그렇게 중요하냐고 한다면 그걸로 끝입니다만, 세계에서도 최고성능의 초고속자동차가 만들어진 것이죠」

이것은 다무라CPS가 말하는 투 웨이 가운데 한 쪽 길이다. 다른 한 쪽 길은 앞서 소개한 엔진토크 향상에 따른 코너 탈출시간의 단축이지만, 이것도 부작용이 따랐다. 엔진의 열 발생량이 많아지면서 그에 대한 대책이 필요해진 것이다.

「토크를 높였으면 당연히 냉각을 시켜야 합니다. 그런데 라디에이터 용량은 늘리고 싶지 않은 거죠. 오버행의 가장 먼 곳에 늘어나는 무게는 10g이라도 싫습니다. 이건 직접 노트북을 들고 그대로 팔을 벌려 봐도 잘 알지 않습니까. 똑바로 팔을 벌리면 아무리 가벼운 노트북이라도 팔이 아프게 되죠. 그

래서 라디에이터는 그대로 두고 공기흡입구를 크게 했습니다. 그러면 공기역학은 전부 다시 손봐야 하죠」

필자에게 사진을 보여주면서 다무라CPS는 계속 설명한다. 점점 말이 빨라졌다. 이야기에 열기가 담긴다.

「입이 커진다는 것은 벽이 커진다는 뜻이기 때문에 공기 흐름이 나빠져 Cd(공기저항계수)가 나빠지게 되죠. 냉각성능은 높이고 Cd값도 떨어지지 않도록 하는 이율배반적인 상황에 나설 수밖에요. 전방 부분의 가능한 앞쪽에서 공기를『흡입』하게 하고, 엔진룸 바닥 면하고 휠 아치 내의 공기까지 이용하는 세밀한 조정을 거쳤습니다. 결국 개구부 확대 1%에 공기 유량 20%가 늘어났고, Cd값도 높였습니다. 고속영역에서 보닛 후드가 변형되면 기류가 흔들리기 때문에, 보닛에는 V자형 캐릭터 라인을 넣어 리브 대

신으로 활용하면서도 소재는 1g도 늘리지 않고 보강했습니다. 디자인만 강조한 리브가 아니라 기능성을 준 것이죠」

보디의 공기역학적 개량은 모두 디테일의 누적이다. 한 곳을 바꾸면 보디를 흐르는 기류 입장에서는 그 한 곳의 후방 전부가 달라진다. 때문에 보통은 보디 변경을 주저하게 되지만, 2008년에 등장한 이후 디테일을 철저히 추구함으로써 조금씩 성능을 향상시켜온 GT-R은 필연적으로 여기를 공략하게 된다. 하지만 그야말로 말로는 쉬운 작업이다. 듣고 있는 필자가 오히려 회사가 많이 이해해주었다는 느낌이 들 정도이다. 보통 시판자동차라면「왜 이런 작업을 해야 하나」하고 커트 당했을 법한 일이다.

게다가 현재의 20MY에서는 니스모에 GT3 머신이 사용하던 터보차저를 장착하게 되면서 다시 큰 사태를 맞이한다.

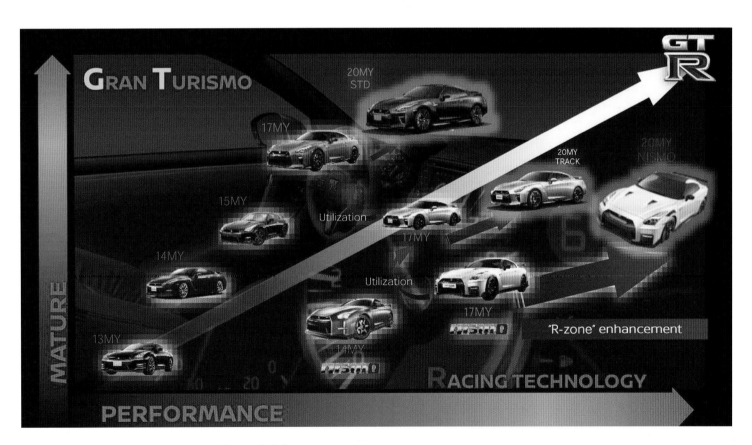

GT-R의 투 웨이 과정은 각각이 상당히 특징적이다.
다무라CPS가 제시했던 GT-R의 투 웨이 방향. 위는 롱 투어링용 그랜 투어리스모. 아래는 스프린트 레이스. 길은 달라도 GT-R이 지향하는 운전하는 즐거움은 차이가 없다. 20MY의 베이스 GT-R은 그랜 투어리스모로, 니스모는 스프린트 사양으로 각각 과감히 나뉘었다. 어느 쪽을 선택할지는 단순히 기호의 문제일 뿐.

YOU SEE IT, AND YOU JUST KNOW...

다무리CPS가 만들고 싶은 자동차 상은 자신이 상품 프레젠테이션 때 즐겨 사용하는 이 2장의 사진에 집약되었다고 생각한다. 호기심과 동경, 즐거움. 그리고 아주 약간의 공포심과 욕망. 이런 것들의 균형으로 자동차라는 상품이 완성된다고 생각한다.

「고객님이 산 차가 그 레이싱 카 맞습니다, 하고 말 못하는 일은 곤란하지 않겠습니까. 11개나 됐던 터빈 쪽 날개를 10개로 줄이고, 터빈 블레이드 두께를 0.8mm에서 0.5mm까지 깎고, 날개 형상을 개량한 레이싱 카용 터보차저이죠. 이것을 스트리트 GT-R 니스모에 사용하는 겁니다. 하지만 터보차저를 바꾸면 엔진과의 매칭부터 시작해서 열 계산, 내구시험 등등 모든 것을 다시 손봐야 하죠」

여기서 다무라CPS는 한 마디로 끝내지만, 실제로는 스탭들 전원이 달려들어서 몇 개월은 해야 되는 작업이다. 하지만 20MY 니스모는 이 터보차저를 탑재함으로써 「스피드」에 대한 잠재력이 더 높아졌다. 그에 맞춰서 변속기의 시프트 스케줄이 바뀌고, GT-R을 신뢰하는 고객의 마음에 꽂히는 성능을 또 하나 얻었다. 다무라CPS가 말하는 투 웨이의 한 쪽인 것이다.

그리고 터보차저 변경을 위해서 필요해진 엔진 룸 안의 공기유동 촉진이라는 과제는 프런트 펜더 위쪽에 설치된 GT3 풍의 에어 아웃렛을 개량함으로써 달성했다. 보디 측면을 흐르는 기류에 70℃의 엔진 룸 기류를 실어서, 리어 윙에서 일어나는 다운포스에 영향을 주지 않도록 흐르게 한다. 슬릿(slit)이 들어간 프런트 펜더는 CFRP(탄소섬유

강화 수지) 제품으로 바뀌었고, 마찬가지로 보닛 푸드나 루프 등도 CFRP로 바뀌었다.

속물적 표현이라고 할지 모르겠지만 20MY 니스모의 외관은 자동차 마니아의 마음을 흥분시킨다. 스타일링은 GT3 머신을 그대로 옮겨놓아 오리지널 스프린트 그 자체이다. 이 차를 실제로 본다면 그 누구도 의심하지 않고 확신범이 될 것이다. 어떤 의미로는 스포츠카 비즈니스의 왕도가 아닐까 싶다.

그렇다 치더라도 세세한 부분까지 손길이 갔네요, 하고 다무라CPS에게 말했더니 이런 대답이 돌아왔다.

「모든 엔지니어와 대화를 나눕니다. 여기는 이걸로 충분한지, 달리 하고 싶은 것은 없는지 말이죠. 그러다 보면 작은 아이디어가 많이 모입니다. 엔지니어 주변을 제가 계속 얼씬거리면 생각지도 않았던 아이디어가 모이는 것이죠. 그런 가운데서 테마를 골라서 조합한 다음에 좋아, 다음 MY 때는 이것을 해보자 하고 발표만 하는 겁니다」

그렇다면 다무라CPS가 새로운 Z에 갖고 있는 생각은 어떤 것일까. 스스로 기획서를 만들고 어려운 국면을 넘어서 프로젝트로 자립한 Z를 어떤 자동차로 만들고 싶은 것일까.

「처음에 밝혔듯이 지금 단계에서 외부에

밝힐만한 것은 많지 않은데, 한 가지 말씀드린다면 MT차를 만들겠다는 겁니다」

오~, 회사에서 크게 받아들였군요. 공정수나 인증도 늘어날 텐데….

「Z 고객의 40%는 MT입니다. 그래서 남겨 놓을 수밖에 없죠. 이건 확실히 말씀드릴 수 있는 겁니다. 또 한 가지 있다면 GT-R은 건담 시리즈에 나오는 모빌 슈트 같은 자동차입니다. 전자제어를 구사해 인간의 신체 능력을 과감히 끌어올리는 것처럼 말이죠. 다만 그 힘은 운전자가 제어하죠. 지금 닛산은 NIM=Nissan Intelligent Mobility라는 표현을 쓰고 있는데, NIM 레벨1.0은 GT-R부터 시작되었다고 저는 생각합니다. 운전자가 제어만 하면 GT-R은 어른을 위한 고속 자동차로 남을 수 있다고 말이죠. 한편으로 Z는 더 관능적이라고 할까, 스포츠카로 즐기기에는 같이 움직여야 하지, 모빌 슈트처럼 단독 플레이는 안 된다고 생각합니다. 댄스 파트너 같은 존재 같은 것이죠」

그런가, 댄스에 랩타임은 관계가 없다. 실수로 파트너의 발을 밟아도 눈으로 미안, 하고 말하고 계속 춤추면 되는 것이다.

「그렇습니다. 변속 실수 등을 감안하고 MT를 몰아도 되는 거죠. 빨리 하고 싶으면 DCT의 패들 시프트도 있으니까요. 하지만 Z는 빠르기가 문제가 아니라고 생각합니다.

알기 쉬운 것을 알기 쉽게 제공하는 것만으로 충분하다고 저는 생각합니다. 그런 자동차에 동감해주는 고객의 요구에 대응할 뿐인 것이죠」

정말 그럴 것 같다. 무엇을 하면 재미가 있을까, 재미있게 타줄까. 그런 니즈와 시즈(요망과 기술).

「자신이 『이렇게 하고 싶다』가 아니라 시장이 『이렇게 해주었으면』하고 요구하는 목소리, 그런 진심어린 의견을 바탕으로 어떻게든 회사를 설득해서 세상에 제공하겠다, 그것이 다음 Z입니다」

다무라CPS가 그리는 Z는 GT-R의 투 웨이와는 전혀 다르게 운전하는 즐거움을 느끼게 하는 길일 것이다. 그리고 비즈니스로서 성공시킬 수순은 알고 있다. 어정쩡하게만 만들지 않으면 성공할 수 있다는 점을.

「이 헤드라이트, 아시겠습니까?」

응? 뭐지… 다무라CPS가 한 장의 사진을 스크린에 비추었다.

「예전 240ZG의 투명한 커버로 덮인 헤드라이트 빛을 재현한 겁니다」

이 말을 들었을 때, 갑자기 다음 Z에 대한 흥미가 솟아났다. 필자도 그런 나이가 된 것이다. 다무라CPS의 일은 철저히 디테일을 추구하는 것에 특화되어 있는 것 같다. 직진할 때의 수정 조향을 넣는 방법, 액셀러레이터 페달의 반력, 보디를 흐르는 기류, 조그만 스위치의 형상, 브레이크 캘리퍼의 색상. 인터뷰 대부분이 디테일에 관한 이야기였다. 주행성능이든 스타일링이든 간에 세세한 부분에 엄청나게 신경을 쏟고 있다.

혼은 디테일에 담겨 있다는 뜻일 터. 동감이다.

자동차를 만드는 쪽이 자신의 잣대만으로 뭔가를 결정해서는 안 됩니다. 그 잣대는 기본적으로 고객의 것이 아닙니까. 우리가 민감하기만 하다면 잣대에 가까이 갈 수 있을 겁니다.

동시병행 설계를 추구
생산기술의 원점은 일본이 한다

닛산은 90년대부터 동시병행 설계를 통한 생산개혁을 추진해 왔다.
디지털 시뮬레이션과 실증 라인에서의 검증을 바탕으로
「초다품종·소량생산」을 향한 새로운 생산기술이 계속해서 등장하고 있다.

본문 : 마키노 시게오　인물사진 : 미야카도 히데유키　수치 : 닛산

KEY PERSON
INTERVIEW ❷

GPEC로 「제조방식」을 검증 ─

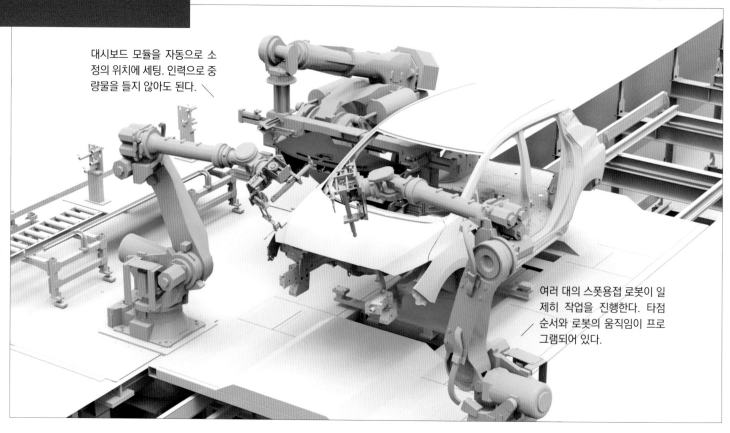

대시보드 모듈을 자동으로 소정의 위치에 세팅. 인력으로 중량물을 들지 않아도 된다.

여러 대의 스폿용접 로봇이 일제히 작업을 진행한다. 타점 순서와 로봇의 움직임이 프로그램되어 있다.

마키노(이하=M) : 오래 전 이야기이지만 닛산의 생산기술을 이야기할 때면 1992년에 자마(座間)공장에 도입된 IBS(Intelligent Body System)를 떠올리게 됩니다. 서브 용접라인에서 만들어진 언더보디, 사이드 스트럭처, 엔진실, 루프를 하나의 큰 틀 안에서 동시에 용접하는 획기적 시스템이었죠. 더구나 평균 공정시간(tact time)이 30초밖에 안 됐습니다. 그야말로 다품종·소량생산에 대한 도전이었는데, 현재 생산체제에서는 IBS가 했던 작업의 몇 배나 소화하고 있습니다.

히라타 : IBS를 사용했을 때는 NC로케이터 20대로 스폿용접 60

개를 때렸죠. 현재는 언더보디 쪽만 NC로케이터로 위치를 결정한 다음, 6축 용접로봇으로 용접하고 있습니다.

M : 이제 지그는 전혀 사용하지 않습니까? IBS는 거대한 지그라는 인상이었는데요.

히라타 : 보디 일부분을 만드는 서브공정에서는 지그가 사용되지만, 메인 보디용접 라인은 로봇이 합니다. 닛산은 90년대 후반부터 서브 라인을 자동화해왔죠. 보디 용접타점은 미국의 스미르나공장 같은 경우 100%, 일본에서도 평균 95%는 자동화되었습니다. 나머지 5%는 작은 서브 라인이나 자동화가 적합하지 않은 부분입니다.

실제 보디용접 라인. 한 번 순서가 정해지면 같은 데이터를 여러 공장에서 공유할 수 있다.

M : 닛산의 차량제조 라인 콘셉트를 간결하게 표현한다면 어떻게 될까요?

히라타 : 「유연성」, 「단기 납품」을 실현하는 「짧은 라인」이라고 할 수 있을 것 같습니다. 메인 라인은 굵고 짧은 것이 좋죠. 그것을 실현하기 위해서 동기(同期)생산을 활용합니다. 엔진이나 변속기 등과 같은 대형 장치는 차량과 다른 장소에서 조립되는데, 그 조립순서가 차량제조 라인에서의 조립순서와 같이 돌아가는 겁니다. 라인 사이드에서 조립되는 작은 어셈블리나 콕피트 모듈도 차량생산 라인의 순서대로 조립됩니다.

M : 예전에는 어느 정도 수주를 예상하고 생산을 했는데요. 지금은 일단 고객의 주문이 먼저일까요?

히라타 : 그렇습니다. 수주가 시작입니다. 차종과 보디 컬러, 내장 컬러, 그레이드, 옵션, 약속된 납차 기일 등을 바탕으로 해서 순서와 시간을 결정한 생산계획을 작성하죠. 이 생산계획은 부품 서플라이어와 공장, 물류회사, PDI(납차 전 점검)센터로 일제히 전송되고, 이 정보를 토대로 모든 부품과 장치가 순서대로 생산되어 차량공장으로 들어오게 됩니다. 모든 부품이 조립시간에 맞춰서 차량

공장에 납품되는 것이죠. 엔진이나 변속기 같은 대형물은 차량 완성일 몇 일전부터 동기생산됩니다. 보디의 프레스 부품은 조립 전날에 만들어지죠.

M : 자동차는 적어도 2~3만개의 부품으로 구성되지만, 단 하나의 부품이라도 조립라인에 공급되지 않으면 생산이 멈추는 걸로 알고 있습니다. 그것을 생각하면 수주하고 나서의 부품발주가 우선 중요하겠군요. 몇 월, 몇 일, 몇 시에 이 부품이 필요하니까 반드시 공장에 들어와야 한다고 말이죠. 코로나 때문에 그런 공급망이 여기저기서 단절되었다는 이야기도 들었습니다만.

히라타 : 해외에서 조달하는 부품은 동기(同期)라고 해도 지리적 한계가 있죠. 3개월 전에 결정하지 않으면 시간이 맞지 않습니다. 3개월 동안에 수요의 급변동이 일어날 가능성도 있기 때문에, 재고추이를 주시하면서 한 번 결정한 생산계획은 지킬 수 있게 평준화를 진행하고 있습니다.

M : 생산라인 콘셉트에서의 「굵고 짧게」는, 메인 조립라인 옆에서 동시에 만들어지는 유닛이나 모듈을 갖춘다는 뜻으로 이해되는데요. 현재는 어떤 것을 동시병행으로 조립하고 있습니까?

[혼류방식의 구동시스템·하체주변 메커니즘 합체]

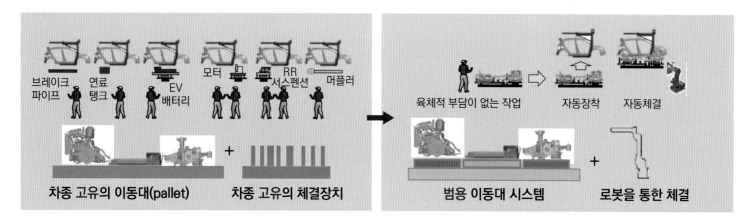

왼쪽이 기존의 도치기공장. 스테이션별로 부품을 보디 아래쪽에서 장착했었다. 또 이동대에 싣고서 일괄 탑재하는 파워트레인이나 서스펜션은 차종마다 이동대가 달랐다. 도치기공장의 새로운 시스템에서는 부분별로 조립한 유닛을 공통 이동대에 싣고, 로봇이 자동으로 탑재한 다음에 체결도 로봇이 하도록 되어 있다.

[세계 최초의 강판&수지 동시도장]

강판 보디는 도장 후에 140℃의 로(爐)에 들어가 열처리되고, 범퍼 등 외장 수지부품은 수지 전용도료로 도포된 다음에 85℃에서 열처리된다. 닛산은 이 방식을 쇄신하기 위해서 85℃ 열처리가 가능한 보디용 도료를 도장 메이커와 공동으로 개발했다. 이로써 보디와 수지범퍼 등이 동시에 도장되고 그대로 동시에 열처리되는 공정이 가능해진 것이다. 이것은 세계 최초이다.

히라타 : 대형물에서는 콕피트 모듈과 프런트 엔드 모듈로 불리는 라디에이터 주변의 모듈, 루프 트림, 도어 트림, 백 도어 같은 것들입니다.

M : 부품개수가 많기 때문에 서플라이어와의 연계가 어쨌든 중요하겠군요.

히라타 : 그렇습니다. 동기생산은 서플라이어와 하나가 되어 돌아가야 하기 때문에 설계단계서부터 밀접하게 연계할 필요가 있죠.

M : 더구나 한 가지 모델이 여러 차량공장에서 생산되지 않습니까. 설계단계에서 생산요건을 잘 반영해야 할 것 같은데요.

히라타 : 지금까지는 설계팀과 생산기술팀이 하나로 움직이고 있습니다. 그런 배경에는 탑재되는 기능이 많아지고 또 복잡해지고 있기 때문입니다. 닛산에서는 양산을 시작하기 전에 글로벌 차량생산 기술센터인 GPEC에서 일단 생산방법을 확립하는 작업을 합니다.

M : 제가 GPEC을 처음 취재한 것이 2006년이었습니다. 진짜 생산라인이 있어서 모든 닛산 자동차는 GPEC에서 생산방법이 확립되는, GPEC이 마더공장 역할을 하는 완전 새로운 시도였던 것으로 기억합니다.

히라타 : GPEC이 2005년에 만들어진 이후, 처음 대응한 것이 중국과 인도네시아, 태국에서 생산되는 모델이었습니다. 같은 모델을 전 세계적으로 생산할 때, 처음에 양산을 가동하는 모델을 확실히 검증하면 다음은 같은 것을 제조거점별로 사양을 집어넣어 생산할 수 있습니다. 일본인이 해외에 가지 않고도 새로운 자동차를 만들 수 있게 한 것이 GPEC의 효과이죠. 현재는 먼저 GPEC에서 검증하고 모의 라인에 흘려서 세부 순서를 조정한 다음, 그 상태에서 해외공장으로 가져가 생산할 수 있게 되었습니다. 담당 공장에서 라인 스탭들도 연수하러 오기 때문에 양산시작 전 훈련도 가능하죠. 완전히 신형 차라 하더라도 양산으로 넘어갈 수 있는 상태를 처음부터 만드는 것이죠.

M : 자마공장에 IBS가 도입되었을 무렵에 닛산은 끊임없이 동시병행 설계(Concurrent Engineering)와 동시공학(Simultaneous Engineering)에 대처했던 기억이 있습니다. 개발기간 단축과 개발부터 생산가동까지의 시간단축이 목적이었는데, 그 시대에 내세운 이상이 GPEC에서 결실을 맺었다고 봐야겠죠.

히라타 : 동시공학은 90년 무렵에 활발했습니다. 그때까지는 NTC(Nissan Technical Center)에 생산부문 스탭이 없었지만 지금은 설계와 생산을 떼놓을 수 없는 관계가 되었습니다. 해외 설계 거점에도 생산기술부문을 갖고 있죠. 동시병행 설계가 있기 때문에 최초의 시작품 완성도가 크게 높아졌습니다. 사실 일전에 선보인 아리아도 첫 번째 시작 자동차였습니다.

M : 디지털 개발 방법이 발전한 결과이기도 하겠군요.

히라타 : 네. 시뮬레이션 발달이 눈부셔서 범퍼는 시작품 한 번이면 됩니다.

M : 닛산에서는 버추얼 스테이지, 피지컬 스테이지로 부르더군요. 실제로 물건을 만들어 보는 것이 피지컬 스테이지인 거죠.

히라타 : 닛산에서는 버추얼 스테이지를 디지털 로트로 부릅니다. 3D 데이터를 사용해 생산성을 보증하는 외에도 설계표준으로 적용하는 부분이 많기 때문에, 설계 각 담당이 체크 리스트를 보면서 설계 작업을 진행하면 생산요건이 자동적으로 반영됩니다. 100%까지는 아니지만 상당한 부분까지 가능합니다. 덕분에 설계시간이 크게 단축되었죠. 또 디지털 로트는 서플라이어가 물건을 만들 수 있는 상태의 데이터가 기본입니다. 이 부분도 상당히 발전했죠.

M : 발표된 APW(Alliance Production Way)가 르노와 닛산 양쪽의 생산요건에 유연하게 대응할 수 있는 생산방법이라고 하는데, 하나의 플랫폼에서 르노와 닛산이 각각 다른 자동차를 만들 경우의 생산요건은 어떻게 적용되는 겁니까?

히라타 : 르노는 골격설계 방법이 닛산과 조금 다르기 때문에 보디 제조방법도 약간 달라집니다. 같은 공정순서는 아니지만 양쪽 브랜드를 관리할 수 있는 옵션A나 B 같은 것을 준비해 놓고, ASL(Alliance Standard Line)이라는 형태로 르노 공장에도 계속 들어가고 있습니다. 전에는 NPW(Nissan Production Way)로 불렀었는데, 르노와의 동맹이 심화되면서 르노 요건에도 유연하게 대응할 수 있도록 APW가 된 겁니다.

M : 같은 생산라인에서 르노와 닛산이 혼류(混流)된 사례가 있습니까?

히라타 : 물론 있습니다. 2010년 3월에 가동된 인도의 합병공장에서 양쪽 브랜드의 상품을 혼류로 만들었죠. 1999년 3월의 르노·닛산 얼라이언스 체결 이후, 르노와 닛산은 서로의 생산방식에서 장점을 배워왔습니다. 거기서 나온 APW는 세계에서 가장 경쟁력 있는 생산시스템이라고 자부하고 있습니다.

M : 양쪽 브랜드의 혼류라는 것이 용접로봇에 르노 차의 데이터도 들어가 있다는 뜻인가요?

히라타 : 그것은 GPEC에 있는 ASL에서 온라인 교육을 통한 실물실증을 할 수 있습니다. 다른 프로그램을 같은 설비에서 흘릴 경우에는 각각의 프로그램을 양쪽이 준비하면 됩니다. 자마공장에 투어링 부대가 있어서 차체용접 설비 등을 만들고 있는데, 일부 르노 설비도 청부받고 있죠. 실행 베이스에서 얼라이언스의 자산을 서로 잘 사용하고 있다고 생각합니다.

M : 앞으로 르노와 닛산에서 자동차 상부 설계도 어느 정도 공통화하는 것 같던데, 공장 쪽 문제는 없습니까?

히라타 : 공장에서 가장 유연성을 갖춰야 할 것이 행어(hanger) 컨베이어 같은 수송체계입니다. 이 부분은 어느 정도 설비에 가동하는 범위를 부여했기 때문에, 예를 들어 C세그먼트 모델과 D세그먼트 모델이라면 설비를 공유할 수 있습니다. 수송 구멍과 차체를 용접하는 NC로케이터를 넣는 구멍은 설비 쪽에서 흡수할 수 있도록 했습니다.

M : EV와 ICE(내연엔진) 차의 혼류생산도 가능합니까?

히라타 : 네. EV이든 e-파워이든지 간에 ICE 차와 같은 라인에서 생산할 수 있습니다. EV는 전장시스템이 많기 때문에 개발팀이 들어가서, 조립 순서까지 포함한 라인설계를 합니다. 한 가지를 완성하면 다음은 적용 전개에서 할 수 있는 전략을 세워서 개발 쪽도 생각했죠. 우리는 가능한 한 적은 추가 투자로 다음 모델을 만들 수 있는 범용성을 설비사양으로 갖추고 있습니다.

M : 차세대 자동차 「아리아」는 도치기공장에서 생산할 것 같은데, 이것도 기존 라인에서 혼류로 진행되나요?

히라타 : 차체 용접공정은 기존 설비에서 만듭니다.

M : EV와 ICE탑재 차량을 같은 생산라인에서 만들 수 있다는 겁니까?

히라타 : 네. 도치기공장 제2조립 공정에 아리아를 비롯한 EV, e-파워 차량, 통상적인 ICE를 탑재한 신형 모델의 혼류생산이 가능하도록 라인을 새로 설치합니다. 3가지 파워트레인에 대응할 수 있는 유닛 마운트를 비롯해서 무게가 나가는 부품조립을 자동화하는 등, 새로운 생산기술을 다수 도입했죠.

M : 종래의 도치기공장은 서브 프레임에 얹은 파워트레인을 먼저 보디에 합체시키고 서스펜션을 장착한 다음, 마지막으로 배기시스템을 장착하는 식의 작업순서였던 것으로 기억합니다만, 멀티 파워트레인 대응은 어떻게 합니까?

GPEC이 만들어진지 15년, 사람의 왕래 없이도 진행되는 제조라인 설계가 디지털 기술로 인해 가능해졌습니다.

히라타 데이지(平田禎治)

닛산자동차 주식회사
상무이사
얼라이언스 글로벌VP
차량생산기술본부 담당

히라타 : 전방, 가운데, 후방의 각 바닥 아래에 장착하는 모듈을 따로따로 조립한 다음에, 이것을 멀티 로케이터 장비의 범용 이동대(pallet)에 싣습니다. 전방에 들어가는 파워트레인은 ICE와 e-파워, EV 3종류이고, 가운데는 배터리 탑재용량 등에 따른 3종류, 후방은 후륜구동 시스템의 유무를 포함해서 3종류입니다. 이러면 3×3×3=27가지의 조합이 되죠. 그 모든 것을 범용 이동대 1종류가 처리하는데, 보디 아래쪽에서 로봇을 사용해 자동으로 탑재합니다. 로케이터 위치결정 정밀도는 0.05mm입니다.

M : 그렇군요. 하지만 그런 제조방법을 실현하려면 차량설계 단계에서의 대응이 필요할 것 같은데요.

히라타 : 닛산은 동시공학, 동시병행에 따른 설계순서를 폭넓게 도입하고 있습니다. 차량설계 단계에서 이 생산요건을 반영합니다.

M : 외관품질은 어떻습니까. 아리아의 스타일링을 보면 보디 외판의 프레스 성형기술이나 도장기술이 뛰어나야 하겠다는 것을 쉽게 상상할 수 있는데요.

히라타 : 도장라인도 완전 새로운 발상으로 바꿨습니다. 현재는 보디를 도장한 다음에 140℃로 열처리하고 범퍼 등 수지부품은 85℃로 열처리를 했습니다만, 보디에 사용하는 도료를 도료메이커와 공동으로 개발했습니다. 동시에 도장부스 내의 설비도 전면적으로 변경했고요. 보디와 수지범퍼를 같은 이동대에 실은 상태에서 동시에 도장한 다음, 그대로 85℃로 열처리합니다. 동시 도장과 동시 열처리 방식을 통해서 보디 강판과 수지 범퍼의「색 맞춤」이 이

상적인 상태가 되죠.

M : 저는 지금까지 300곳 이상의 공장을 취재해왔습니다만, 수지와 강판을 동시에 도장하고 같은 온도에서 열처리하는 설비는 본적이 없습니다. 정말로 혁신적이네요. 또 다른 질문인데, 차량 쪽 기능도 점점 발전하고 있습니다. 특히 프로파일럿 2.0을 탑재한 차량은 센서와 컴퓨터가 기계 액추에이터를 자동으로 조작하는데, 이에 관한 품질보증을 어떻게 하는지가 매우 흥미롭습니다.

히라타 : 프로파일럿 2.0을 탑재한 스카이라인을 양산할 때, 완성품으로 어떻게 검사하고 기능을 보증하느냐가 큰 과제로 떠올랐습니다. 레이더의 거리측정이 올바른지 아닌지는 실제로 계측합니다. 현재는 완성검사를 위한 테스트 코스를 달리면서 핸즈 오프 상태에서 자동 차선변경이 되는지 여부를 전체 차량을 대상으로 확인합니다. 새로운 기능을 어떻게 보증할지, 품질기능을 확실히 전개하면서 어떤 모드가 공장에서 일어나면 검사할지, 이런 것들은 공장만으로는 결정할 수 없습니다. 개발과 세트인 것이죠. 자기진단 소프트웨어가 제어장치 안에 들어가 있으면 거기는 보증할 수 있지만, 시스템적으로 몇 가지나 되는 제어장치가 상호 올바로 기능하고 있는지를 보증하는 수단은 끝까지 지켜봐야 합니다. 실제로 달려보지 않으면 모르는 것인지, 다른 확인방법이 있는지 말이죠. 자동차 기능이 많아지면 그만큼 완성검사도 복잡해질 수밖에 없지만, 그것은 반대로 보람이 있다고 해야 할까 재미있는 부분이기도 합니다.

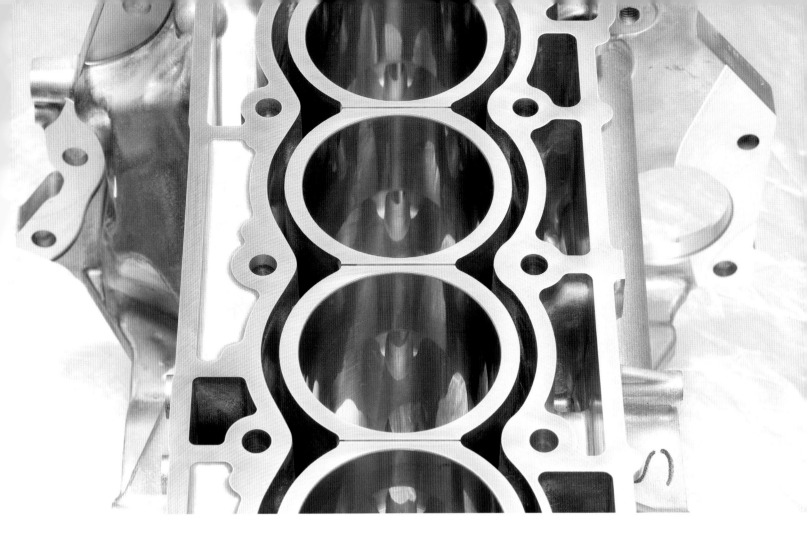

CHAPTER **5**

Production Engineering

없애고 싶은 것을 없애기 위해서

미러 보어 코팅 기술

접동성능이나 윤활성, 내구성 등을 감안해서 삽입하는 실린더 라이너. 대개는 주철로 만들어진다.
이것을 없애면 여러 가지 장점이 있다. 하지만 없애기까지는 많은 문제가 있었다. 실현에 이르는 여정을 따라가 보겠다.

본문 : 사와무라 신타로 사진 : 야마가미 히로야 수치 : 닛산

닛산이 말하는 미러 보어 코팅(Mirror Bore Coating). 세 가지 영어 단어로 이루어진 이 말은 그대로 3가지 기술이 서로 관련된 집합체이다. 미러는 거울 면 같은 완성도를 가리킨다. 무엇을 매끄럽게 하느냐면 바로 코팅이다. 덮어서 층을 만드는(覆層)

소재는 철이고, 방법은 용사(溶射)이다. 덮는 대상은 알루미늄 블록의 보어 내면. 그렇다고 알루미늄으로 주물로 된 FC주철 라이너에 철을 붙어서 부착하는 것은 의미가 없다. 라이너 없는 설계를 통해, 보어 내면에 노출된 알루미늄에 철을 용사하는 것이다.

파워트레인 기술 분야에서 시니어 전문가로 일하는 마츠야마 히데노부씨가 말을 꺼낸다.

「2004년에 GT-R 엔진을 개발할 때 시작한 겁니다」

R35계열 GT-R의 파워 장치는 VR-

MBC와 라이너의 압도적 볼륨 차이

특수한 방법으로 용사 보어 코팅만 빼낸 것. 물론 왼쪽의 원통이다. 우측은 주철 라이너. 경량화나 소형화 등, 용사의 장점은 해설이나 본문에 나와 있는 그대로이지만, 그것들을 한 번에 납득시키는 충격적 모습이다.

라이너 없는 블록이란

주철라이너를 사용하지 않는 알루미늄 블록은 20세기 후반부터 판매되기 시작했다. 시작은 1971년에 등장한 쉐보레 베가용 2.3ℓ 직렬4기통으로, 알루미늄에 용해되는 상한보다 17%까지 더 올라가는 실리콘을 용탕에 함유했다. 실린더 내벽에 역(逆)도금을 하면(에칭) 알루미늄 성분이 180nm정도 녹아 없어지면서 25μm 지름 정도의 단단한 실리콘 알이 표출된다. 주철 라이너 구조보다 23kg을 가볍게 했지만 단단한 실리콘 알이 피스톤 링을 갉으면서 링에 크롬 도금처리를 하지 않으면 안 되게 되었다. 또 피스톤 스커트 부분에는 내벽과의 윤활성을 담보하기 위한 철 도금이 필요했다.

한편 유럽에서도 독일 콜벤슈미트사가 똑같이 실리콘 17%의 과공정(過共晶) 알루미늄(A390)의 라이너리스를 실용화했다. 아르실이라는 이름으로 상품화된 이것은 포르쉐 928의 V8을 시작으로 판매를 시작. 이후 90년대까지 벤츠와 BMW, 아우디, VW 등 독일민족 자본 회사에서 6기통 이상 상위 엔진에 사용되었다.

그런 한편에서 등장했던 것이 보통의 알루미늄 실린더 내벽에 니켈과 실리콘을 섞은 피막을 10~20μm 두께로 도금해서 형성시키는 방법이었다. 67년에 말레가 실용화한 이 방법은 포르쉐 917을 시작으로 73년형 2.8RS에도 적용되었다. 하지만 니카실로 불린 그 피막은 연료에 유황 등의 성분이 섞여 있거나 하면 쉽게 벗겨졌다. 닛산 출신의 하야시 요시마사(林 義正)씨도 시험해 봤지만 안정성이 결여되었다고 저서에 쓰고 있다.

38DETT. 5,350kW를 상회하는 성능을 노렸던 이 60° V6엔진은 주철 라이너를 사용하는 VQ계열에서 파생된 것으로, 108mm의 보어중심 거리는 똑같다. 보어지름도 VQ37형과 똑같은 95.5mm이다. 하지만 고과급·고출력으로 인해 실린더의 냉각성능을 높일 필요가 있었다. 그 때문에 방해가 되는 주철로 된 라이너를 없애고, 대신 보어 내벽에 철로 된 아주 얇은 층을 부려서(溶射) 만들어주는 방법을 선택한 것이다.

용사란 고온고속의 가스 흐름으로, 금속 재료를 녹여서 모재(母材)에 불어서 부착함으로써 피막을 형성하는 기술이다. 이렇게 쓰면 뭔가 좀 있어 보이는 새로운 기술 같아 보이지만, 사실은 100년 전부터 있었던 기술이다.

「다만 그것은 미술품이나 교량 등에 이용되던 기술로, 일품(一品)제작이었죠」

현대에 있어서도 용사는 선박용 엔진이나 제트엔진에 이용되는데, 그래서 일품제작이 아니긴 하지만 이리저리 시간이 소요되면서 만들어진다. 그리고 시공에 문제가

있어도 수정하면 된다. 양산차량용 엔진은 가격이나 품질, 소요시간도 다른 세계이다. 과거에는 바이크용 엔진이나 방켈 로터리엔진에 이용된 적도 있었지만, 이쪽 세계에서 본격적으로 적용된 것은 21세기에 들어와서부터이다.

철 용사를 사용하는데 있어서 닛산은 앞서 먼저 사용하던 포드·코스워스의 기술을 그들의 시행회사인 프레임 스프레이 인더스트리부터 도입하기로 했다.

용사는 용사하는 재료 상태에 따라 종류가 달라진다. 분말상태와 막대상태, 선(와이어) 상태 등이다.

「와이어는 감겨 있는 선 상태로 성형할 수 있는 재료가 아니면 안 됩니다. 한편으로 분말 같은 경우는 내마모성이나 내식성을 담보하기 위한 특수한 원재료를 섞든가 하는 자유로움이 있죠. 그 대신 시공 중에 가루가 막히거나 하는 경우가 있고, 무엇보다 가격이 10배 이상 들어가는 것이 문제입니다」

또 재료를 녹이는 열을 얻는 방법이나 불어서 붙이는 방법에 따라서도 여러 종류가 있다. 고압산소에 연소가스를 섞어서 불붙인, 3,000℃ 전후의 불꽃으로 녹이면서 부착하는 프레임 방식이 예전부터 쓰이던 방법이지만, 시대가 지나면서 혼합기를 스파

크 플러그로 폭발시켜 녹인 재료를 충격파로 두들겨서 부착하는 폭발방식, 전류를 이용해 녹이는 전기방식 등이 개발되었다. 첨언하자면 전기방식에는 접근시킨 2개의 와이어 형태의 재료에 각각 양극·음극의 전기를 흘림으로써 틈새에 전호(아크)를 발생시켜 6,000℃ 전후의 열을 만든 다음 와이어를 녹이는 아크용사, 아크방전을 통해 작동가스를 플라즈마화해 1만℃ 이상 올라가는 플라즈마 제트를 성형시키는 플라즈마 용사 등의 종류가 있다. 이들 외에 재료를 고체상(固體相) 상태에서 초음속으로 모재에 충돌시켜 소성변형을 일으키게 하는 콜드 스프레이 방식도 있다.

이 가운데 예를 들면 용사 세계에서 선두를 달리는 스위스의 슐처(현재는 올리콘 산하)는 분체(粉體) 플라즈마 용사를 주로 이용하는데, GT-R용이라고는 하지만 양산 엔진에 대한 적용을 전제로 하는 닛산이 도입한 것은 가격적으로 좋은 와이어를 이용한 플라즈마 용사였다.

미국에서 도입한 플라즈마 용사는 처음에는 안정되지 않았다. 그래서 자신의 기술로 승화하기 위해서 용사 자체를 개량하면서 시점을 바꾸는 식의 안정화 길을 모색했다.

여기서 눈치 채는 사람도 있을 것이다. 뭔가에 무엇을 칠할 때 중요한 것은 밑바탕(下地)의 처리이다. 선반을 페인트 칠해본 정도의 경험만 있더라도 상식적으로 분별할 수 있다. 당연히 용사의 밑바탕 처리도 마찬가지이다. 실린더 벽의 알루미늄 표면을 다듬어 용사가 잘되도록 해야 한다. 일반적으로는 단단한 철강구슬을 맞부딪쳐서 요철을 만드는 연마 가공(Abrasive Blasting)을 이용한다고 한다.

「그런데 반복하는 가운데 구슬이 빠지거나 하기 때문에 그 관리를 엄밀하게 하지 않으면 조면화가 안정되기 힘들더군요」

즉 양산엔진 제조공정에서 적용하기는 조금 어려웠던 것이다. 마찬가지로 고압수류(水流)로 때리는 워터 제트도 분사노즐의 수명이나 잔존물 처리 등의 장벽이 있어서 채택하지 않았다.

「그래서 기계가공 세계로 끌어들였던 겁니다」

무엇을 하고 싶었냐면, 나사골을 낸 것이다. 나사골을 내는 일은 자동차 메이커에게 있어서 마음대로 해야 하는 작업이다. 새겨야 하는 나사산의 제작관리는 다 파악하고 있다. 여기서 생산기술부에서 기계가공 전문가 리더를 맡고 있는 몬츄조 다카유키씨가 보드에 그림을 그리면서 설명해 준다. 일반적인 나사골에서는 깨끗한 절삭의 결과로 60도의 연속된 나사산 형상이 남지만 그래서는 용사피막이 잘 밀착되지 않는다. 그래서 나사골의 원리를 이용해 어쨌든 밑바탕을 "거칠게"하는 방식으로 대처했다. 거칠게 하려면 깨끗한 절삭이 아니라 쥐어뜯거나, 금속 부스러기를 파단(破斷)시키는 방법으로 해야 한다. 쥐어뜯어서 울퉁불퉁 거칠어진 밑바탕을, 그것도 안정적으로 만드는 것이다. NMRP(Nissan Machining Precess Roughing)의 탄생이다.

NMRP 하지처리를 통해 와이어 플라즈마 용사로 200μm의 철층(鐵層)을 실린더 내벽에 피복한 VR38DETT형이 완성되고, 이것을 장착한 R35계열 GT-R이 포르쉐 997터보가 세운 뉘르부르크링 북쪽 코스의 기록을 능가하면서 2007년에 화려하게 시장에 투입되었다.

「그리고 2010년에 제2막으로 들어가게 되죠」

동년 4월에 닛산과 르노는 다임러 벤츠와 자본제휴를 맺었다. 이때 3사 공동으로 엔진을 개발하는 이야기가 나왔다. 마츠야마씨는 말한다.

「개발할 때는 용사를 적용하는 걸로 했습니다. 그래서 다임러와 닛산이 서로의 실력을 공개하면서 최적의 해법을 검토·탐색하게 되었죠」

와이어 플라즈마 용사를 사용하는 닛산과 달리 20세기 말부터 개발하기 시작했던 다임러의 선택은 아크와이어 용사였다.

「플라즈마 용사는 수소나 아르곤을 이용하는 작동가스가 고가입니다. 반면에 아크는 저렴한 수소만 있으면 되죠. 또 플라즈마는 온도가 높기 때문에 와이어 속의 탄소분자 일부가 탈탄(脫炭)을 일으킵니다」

때문에 와이어로서의 형상을 유지하기 위해서 중탄소강을 이용했다. 하지만 온도가 낮고, 불활성 가스 분위기의 아크용사는 탈탄량이 적어서 저렴한 저탄소강이면 된다. 그렇다면 양산엔진의 용사는 아크에 확실한 가격 우위성이 있다. 닛산은 다임러 방식으로 전환했다.

그와 대조적으로 밑바탕 처리에서는 명확하게 닛산방식이 가격 우위라는 결론이 나면서 다임러가 닛산방식으로 전환해 크로스 라이선스가 성립된 것이다.

그리고 닛산은 용사방식 자체에서는 물러섰지만 용사 후의 마무리처리에서는 한 발 앞서 있었다.

처음 시도였던 VR38DETT형을 만들면서 우려되었던 것은 윤활성이었다. VR-38DETT는 FC주철 라이너와 똑같이 망상선(crosshatch)을 통한 오일 유지로 윤활성을 담보했다. 하지만 용사 피막의 특성을 살려서 어디까지 마찰손실을 줄일 수 있을까. 필연적으로 다음 도전에 대처하게 되었다.

「피막 안에는 아무래도 기공이 발생하게 됩니다. 이것은 용사 전문가 세계에서는 최악으로 간주되는데, 크로스해치 대신에 오일저장으로 기능해준다는 것을 깨닫게 된 겁니다」

그것을 감안해 철 피막의 표면 거칠기를 VR38형 때의 Ra(산술적 평균 거칠기)0.27에서 Ra0.05까지 단숨에 끌어올렸다. 흔히

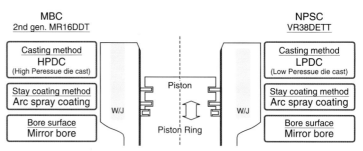

MBC 2nd gen. MR16DDT		NPSC VR38DETT	
Casting method HPDC (High Peressue die cast)		Casting method LPDC (Low Peressue die cast)	
Stay coating method Arc spray coating		Stay coating method Arc spray coating	
Bore surface Mirror bore		Bore surface Mirror bore	

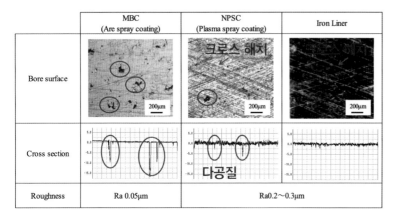

	MBC (Are spray coating)	NPSC (Plasma spray coating)	Iron Liner
Bore surface		크로스 해지	
	200μm	200μm	200μm
Cross section		다공질	
Roughness	Ra 0.05μm	Ra0.2~0.3μm	

들 말하는 경면(鏡面)처리는 Ra0.20~0.025 수준이다. 즉 경면 가운데서도 상위에 들어가는 평면 상태이다. 그리고 이번에는 크로스해치는 적용하지 않았다.

실험 결과 커넥팅 로드에서 발생하는 마찰손실이 2000rpm에서 21%나 낮아졌다. 미러 보어 코팅의 완성이다.

이렇게 나사골 방식의 NMPR에서 밑바탕을 처리하고 다임러에서 도입된 아크와이어 방식으로 철 용사한 다음, 그것을 경면 가공하는 실린더가 탄생했다. 게다가 이번에는 GT-R 같이 고가로 특화된 상품에만 적용되는 것이 아니다. 스카이라인 400R에 장착하는 VR30DDTT는 물론이고, 알티마에 장착하는 PR25DD, 세레나에 장착하는

MR20DE, 쥬크에 장착하는 MR16DDT, 노트에 장착하는 HR12DE까지 일반 승용차에 들어가는 주력엔진에 적용되었다. 생산도 일본 국내뿐만 아니라 북미나 멕시코, 중국에서도 이루어진다. 몬츄조씨는 자랑스럽다는 듯이 말했다.

「닛산이 생산하는 모든 엔진의 60%정도에 적용하고 있습니다」

요코하마 신코야스(新子安)공장의 엔진 생산라인에서 실제로 용사하는 공정을 견학했다. 당연히 시공은 밀폐된 부스에서 1대씩 이루어진다. 철 박스에는 헬라(Heller) 마크가 붙어있었다. 다임러 방법을 사용하기 위해서 헬라기계공업사의 용사기를 도입한 것이다. 닛산은 NMRP를 헬라기계공업

사에 라이선스 아웃(특허임대)하고 있고, 헬라는 용사기+머시닝 센터(NMRP의 PAT허락완료)의 일괄 수주·발주 방식으로 거래가 가능해진 것이다. 다이캐스트(용탕(溶湯)은 FC주철과 같아도 되지만 주조품질로서는 훨씬 뛰어나다고 함) 제조법으로 만들어진 직렬4기통 알루미늄 블록이 헤드 쪽을 위로 하고 부스 안으로 흘러들어 온다. 블록이 지그에 세팅되자 아크용사 건이 위쪽에서 들어간다. 용사가 시작되면 실린더 내벽이 깨끗한 청색 아크로 빛난다. 그리고 오렌지색의 불똥이 사방으로 튀면서 블록보다 높게 날아간다. 청색 풋라이트에 비춰져서 폭죽의 불꽃을 연상시키는 불똥은 양팔로 안을 수 있을 정도의 공간에서 연출되는 아름다

생산행정

MBC의 실린더 블록은 알루미늄 합금의 고압주조 제법으로 만들어진다. 우측 사진은 모든 가공을 끝낸 완성품. 주조를 끝낸 블록은 NPSC와 마찬가지로 표면을 거칠게 하기 위해서 하지 처리를 통해 용사 막과의 밀착성을 높인다. 중간 사진이 그것을 끝낸 상태로서, 보어 벽색이 바뀐 것을 알 수 있다. 그 후 용사한 다음에 보링·호닝을 마치면 완성. 종래의 라이너 보어 블록 라인에서도 공정수를 똑같이 함으로써 생산성을 추구했다.

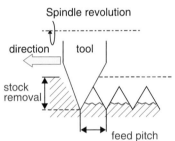

왼쪽 사진은 표면을 거칠게 처리한 상태. 일반적인 머시닝 센터를 이용한 가공방법이기 때문에 사진처럼 균일하고 안정된 표면처리가 가능했다. 용사기술에서 NPSC·MBC의 기술적 우위성을 보여주는 사례 가운데 하나이다.

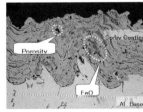

MBC 용사는 선 재료+아크 방식. 마무리 후의 면 조도는 Ra0.05µm까지 올라간다. 일반적인 크로스해치 보어는 Ra0.2~0.3µm 수준. 경도(硬度)에 있어서도 Hv400을 마크해 회주철보다 단단한 것으로 확인되었다.

운 가장행렬이다. 정신을 차리니 용사는 3번 실린더부터 시작해 1번, 4번, 2번 순서로 이루어졌다. 블록은 이미 예열이 됐었지만 용사 때문에 다시 실린더에 열이 가해지는 것이다. 그것을 평균화하기 위해서 시공하는 실린더 순서를 시험적으로 해 본 다음 결정했다는 몬츄조씨의 설명이다. 용사가 완료된 블록은 마무리가공 구역으로 이동해 200µm의 막 두께를 담보하기 위한 고정밀 위치결정 가공이 이루어지고, 다시 앞서의 경면을 실현하기 위한 호닝가공으로 이어진다. 생산 소요시간(leed time)은 자동차 생산의 핵심이다. 하지만 전체 제조 리드타임은 주철라이너를 사용했을 때와 별로 차이가 없다고 한다.

설계, 주조공학, 재료공학, 열공학, 기계가공, 품질관리, 효율화 등등. 현대의 자동차제조 요소가 확실히 여기에 교과서처럼 집약되어 있다. 함께했던 마츠야마씨가 말했다.

「미러 보어 코팅은 종합 격투기 같은 거라고 생각합니다」

닛산자동차 주식회사
파워트레인 생산기술개발본부
파워트레인 기술기획부
파워트레인 기술총괄그룹
시니어 엑스퍼트
공학박사

마츠야마 히데노부(松山 秀信)

닛산자동차 주식회사
파워트레인 생산기술개발본부
엑스퍼트 리더(기계가공)
(겸)파워트레인 생산기술부
주관

몬츄조 다카유키(問註所 隆行)

르노·닛산·미쓰비시 얼라이언스는 상품분야와 활동지역에 있어서 각각 「리더」를 정하고, 그 리더가 사업에 책임을 갖는 구조를 도입했다. 그것이 얼마 전에 발표된 리더·팔로어 제도이다. 이런 구조가 만들어지기까지는 오랜 세월과 시행착오가 필요했다.

예를 들면 ADAS(Advanced Driving Assistant System, 고도운전지원 시스템) 기능과 그 끝에 있는 자율주행이다. 2014년 무렵에는 르노와 닛산 각각의 기술 가운데 같은 것이 있으면 어느 한 회사가 개발하든가 또는 공동으로 개발할지를 결정했다. 공동으로 개발할 경우에는 양사의 스탭들로 구성된 조인트 팀 안에서 분담을 결정했다. 그런데 자율주행 제어를 서로 분담하게 되자, 세로(앞뒤) 방향 제어는 르노가, 가로(좌우)방향은 닛산이 하는 식으로 나누어지게 된 것이다.

이래서는 힘들다는 분위기였다. 가령 장해물을 피할 때, 브레이크를 밟으면서 스티어링을 돌리는 경우를 생각해보면 된다. 브레이크는 세로방향이기 때문에 르노가, 스티어링은 가로방향이니까 닛산이, 같은 식의 분리는 할 수 없다. 그래서 어떻게 할 것인지가 문제였는데, 현장에서의 판단을 존중했더니 순식간에 세세한 업무분담으로 이어지는 경우가 실제로 있었다고 들었다.

프랑스 쪽 이야기를 들어보면 「일본인(닛산)이 전에는 양보해 주는 일이 많았다」고 한다. 「그것은 르노에게 맡기겠습니다. 우리

EPILOGUE

얼라이언스의 미래

코로나 회복은 기회. 닛산다운 상품전개에 대한 기대

2008년의 리먼 쇼크는 많은 전문가의 예측보다 빠르게 경제가 회복되었다.
이번 코로나19 유행에 따른 경기침체를 회복하려면 상당한 시간이 소요될 것으로 예상된다.
하지만 그것은 전동화 일색이 아닌 닛산의 상품들과 기술자본을 살릴 수 있는 기회이기도 하다.

본문 : 마키노 시게오 사진 : IHS마킷 / 르노

노하우도 활용해 주기 바랍니다」라고 했다는 것이다. 동맹 관계이므로 서로 협력하는 것이 당연하다고 생각하면 공로를 가로채인다. 실제로 그런 사례가 있었다고도 들었다.

르노가 닛산에 출자한 1999년, 필자는 프랑스 자동차 매체 「르 오토모빌」의 편집장한테서 「일본인이 신경 쓰지 않으면 맛있는 것을 가로채인다」는 말을 들은 적이 있다. 회사 내에는 항상 이런 식의 이야기야 있지만 「프랑스인이기 때문이죠, 그들은」하고 곧잘 확인 사살까지 당했다.

반면에 점차로 분야별 교통정리가 자리 잡아 온 것은 현장의 힘 덕분인 것도 사실이다. 어디든지 한 회사가 리더를 맡고 리더가 반드시 팔로어에게 정보를 제공함으로써 팔로어의 요망이 전달된다. 최종적으로는 어떤 기술이든 개별 차종마다 적합이라는 단계가 있어서, 그때는 그 차종을 갖고 있는 쪽이 작업을 하기 때문에 리더는 요망을 들어둘 필요가 있다.

2015년 무렵부터 닛산과 르노는 개별 기능별로 검증을 했다. 예를 들면 라디에이터의 냉각수 온도 같은 경우, 르노는 유럽 기준에 따라 105℃까지 사용하지만 닛산은 100℃까지밖에 사용하지 않는다. 「왜 다른 거지?」하는 문제를 양쪽이 납득하지 않는 한 사양은 통일할 수 없다. 그런 사례가 개발부문에서만 5,000건 정도 있었다. 5년 정도를 거치면서 안건 모두에 서로 간의 의사통일이 가능해졌다. 물론 지난한 작업이었지만 이 의사통일은 상호신뢰의 증거로서, 리더·팔로어 제도로 넘어가는 데는 이런 배경이 있다.

세계자동차 시장의 수요예측

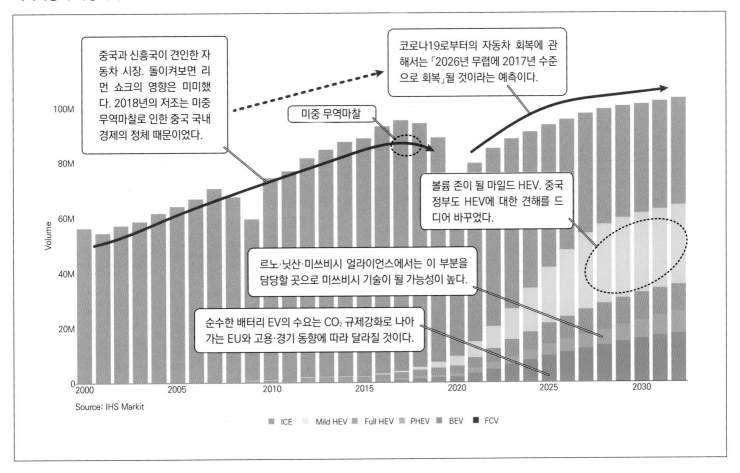

중국과 신흥국이 견인한 자동차 시장. 돌이켜보면 리먼 쇼크의 영향은 미미했다. 2018년의 저조는 미중 무역마찰로 인한 중국 국내 경제의 정체 때문이었다.

미중 무역마찰

코로나19로부터의 자동차 회복에 관해서는 「2026년 무렵에 2017년 수준으로 회복」될 것이라는 예측이다.

볼륨 존이 될 마일드 HEV. 중국 정부도 HEV에 대한 견해를 드디어 바꾸었다.

르노·닛산·미쓰비시 얼라이언스에서는 이 부분을 담당할 곳으로 미쓰비시 기술이 될 가능성이 높다.

순수한 배터리 EV의 수요는 CO_2 규제강화로 나아가는 EU와 고용·경기 동향에 따라 달라질 것이다.

Source: IHS Markit

ICE   Mild HEV   Full HEV   PHEV   BEV   FCV

책임범위는 리더 쪽 회가가 100% 책임을 지는 식이다. 그러나 팔로어가 「대체 리더가 뭐를 하고 있는 거지」하는 상태가 되지 않도록 팔로어로서 개발에 참여한다. 르노의 스탭들은 닛산을 찾아가고, 닛산 스탭들은 르노를 찾아간다. 실제로 사양이 달랐던 5,000여 안건을 서로 이해하면서, 사양을 통일하는 단계에서 조직의 교류가 활발하게 이루어졌다.

예를 들면 예전의 다임러 크라이슬러 같은 경우는 지금까지 양사의 현장에서 서로 신뢰하는 경우가 없었다고 개발 스탭한테서 들은 적이 있다. 어느 미국인 엔지니어는 「이쪽의 솜씨를 상대방에게 드러내는 것은 섣부르다. 신뢰가 잘못되면 나중에 뒤에서 총알아 날아올지도 모르기 때문」이라고까지 말했다. 독인인 엔지니어는 「이상하게

친하게 지내는 것도 곤란하다」고 말했다. 양사의 결혼생활이 10년도 지나지 않은 것은 이해할 수 있다. 르노·닛산과 거기에 늦게 합류한 미쓰비시 3사는 다임러와 크라이슬러보다는 훨씬 협업이 잘 돌아가고 있다.

다만 의문도 있다. 대표적인 것이 르노가 독자적으로 개발한 「E-Tech」로 불리는 하이브리드 시스템이다. A세그먼트의 클리오나 B세그먼트의 캡처에 탑재되어 판매 중이다. 차량 전동화 기술은 닛산이 리더이지만 A/B세그먼트 차량개발은 르노가 리더이다. 이 차들은 리더·팔로어 제도 이행 전의 모델이기 때문에 지금 시점에서라면 예외로 봐야 하지 않을까.

조사회사 JATO 다이내믹스는 「E-Tech 시스템은 비교적 오래된 닛산의 HR16엔진을 사용한 점이 단가인하의 포인트이다.

르노 제품의 변속기도 가격은 저렴하다」고 말한다. 스타터 제너레이터는 일본의 덴소가 납품하고 리튬이온 전지는 한국의 LG케미컬에서 구입한다. 짧아도 앞으로 5~6년은 유럽시장에 머무를 것이다. 또 현지에서는 「유럽에서 판매되는 닛산 브랜드 차에도 르노 E-Tech가 채택될 것」이라고 보도되었다.

앞으로 A/B세그먼트 차량은 르노가 리더이다. BEV(배터리 전기자동차) 등 전동화 기술은 닛산이 리더이고, C/D세그먼트의 PHEV(플러그인 하이브리드 자동차)는 미쓰비시가 담당한다. 약간 복잡하게도 느껴지지만, 상품화에 있어서의 차종적합 여부는 각사가 책임진다는 점이 포인트이다.

예를 들면 닛산이 개발한 직렬 하이브리드 기술 「e-파워」를 르노의 B세그먼트 차

르노 클리오에 탑재된 E-Tech(좌) 시스템과 르노가 발표한 CMF-EV 플랫폼(아래). 이 두 가지는 리더·팔로어 제도가 도입되기 전에 개발된 것들이다. 프랑스라는 나라의 현재 상태를 감안하면 자동차를 전동화하는데 있어서의 문제는 「전지를 만드는 기업이 없다」는 정도로, 전력은 70% 이상을 CO_2 배출 제로인 원자력이 담당하고 있다. 전에 마크롱 대통령은 「ICE 자동차 판매금지」를 언급하기도 했는데, 그 뒤로는 아무런 조치가 없다.

에 탑재할 경우, 르노가 개발한 B세그먼트 차량에 닛산의 e-파워를 맞추면 된다. D세그먼트의 PHEV를 르노 브랜드로 팔 경우는 닛산이 플랫폼을 개발하고 미쓰비시 시스템을 얹어 르노가 적합하게 하면 되는 것이다. 최종적인 상품의 맛내기는 원래부터 각사마다 다르기 때문에, 제어프로그램에서의 대응까지 포함해서 「같은 소재를 사용해 각자가 맛을 내는 방식」이 될 것이다.

지역별로 보면 유럽은 전동화가 진행될 것

이다. 닛산은 「타사보다 빠른 속도로 전동화가 진행 중」이라고 말하고 있다. 그 가운데는 BEV 이상으로 HEV가 볼륨 존(Volume Zone)이 될 것으로 예상되기 때문에, 르노의 E-Tech개발은 여기에 초점을 맞추고 있다. 닛산의 e-파워도 착실히 증가하는 추세이다. 다만 아직도 세계적으로는 대다수가 ICE(내연엔진) 탑재 차량이다. 또 HEV도 반은 ICE이다.

문제는 EU회원 일부가 「획책하고 있다」

고 전해지는 「자동차 메이커로 하여금 정부 보조금을 지불하도록 하겠다」는 안건이다. 자동차 메이커는 CO_2(이산화탄소) 배출 제한을 초과한 만큼의 벌금을 지불해야 한다. 「벌금을 내야할 정도면 할인을 해준다」는 판단은 많이 생각할 수 있다. 이것은 어느 의미에서 보조금이라, EU가맹국 정부는 이것을 강요할지도 모른다. 그때는 또 얼라이언스 내에서의 회계처리가 어떻게 될까…

Motor Fan
illustrated

친환경자동차

F1 머신
하이테크의 비밀

엔진 테크놀로지

하이브리드의 진화

트랜스미션
오늘과 내일

가솔린·디젤
엔진의 기술과 전략

튜닝 F1 머신
공력의 기술

드라이브 라인
4WD & 종감속기어

자동차 디자인

조향·제동 속업소버

전기 자동차 기초 &
하이브리드 재정의

신소재 자동차 보디

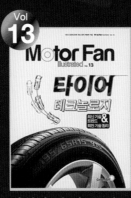

타이어 테크놀로지

자동변속기·CVT

디젤 엔진의 테크놀로지